蔬菜育苗技术研究与应用

郑少文　编著

中国农业出版社

图书在版编目（CIP）数据

蔬菜育苗技术研究与应用/郑少文编著．—北京：中国农业出版社，2015.3
ISBN 978-7-109-20730-1

Ⅰ.①蔬… Ⅱ.①郑… Ⅲ.①蔬菜—育苗 Ⅳ.①S630.4

中国版本图书馆 CIP 数据核字（2015）第 179993 号

中国农业出版社出版
（北京市朝阳区麦子店街 18 号楼）
（邮政编码 100125）
责任编辑 冀 刚

北京中兴印刷有限公司印刷 新华书店北京发行所发行
2015 年 3 月第 1 版 2015 年 3 月北京第 1 次印刷

开本：700mm×1000mm 1/16 印张：11.5 插页：4
字数：250 千字
定价：30.00 元

前言
FOREWORD

蔬菜是人们日常饮食中必不可少的食物之一，蔬菜可提供人体所必需的多种维生素和矿物质等营养物质。蔬菜生产在我国种植业中占有十分重要的地位，是许多地区的支柱性农业产业。

蔬菜生产讲究精耕细作，其中，育苗作为蔬菜栽培的一项主要技术措施而被广为重视。蔬菜育苗在我国早有应用，在北魏时期已经采用浸种催芽育苗技术。农谚中“三分种，七分管”中的“三分种”，实际上就是指秧苗培育与移栽的过程。随着蔬菜产业的发展，育苗的重要性越来越为人们所认识。目前，蔬菜育苗已成为蔬菜栽培中不可缺少的技术环节。

近年来，在蔬菜育苗产业中不断涌现出一些新产品、新技术和新装备，包括育苗设施、各类自动化设备、环境调控系统、栽培基质、营养液配方、嫁接技术、苗期水肥管理技术及病虫害绿色防治等。本书编著的目的，就是介绍蔬菜育苗的基本原理和方法以及近年来的一些研究成果，以期为从事蔬菜育苗产业的科研工作人员以及生产一线的农技人员提供参考。

本书包括六个部分：第一部分介绍蔬菜育苗的基础知识；第二部分介绍蔬菜育苗基本类型及方法；第三部分介绍不同生长季蔬菜育苗技术；第四部分介绍现代蔬菜育苗的设施与设备；第五部分介绍主要蔬菜种类的现代化育苗技术；第六部分介绍蔬菜育苗产业的组织与管理。

本书在编写过程中得到了多位同行学者的指导，特别是山西省现代农业产业技术体系（蔬菜体系）的各位专家给予了大量帮助，吸纳了部分专家的研究成果，并且在出版过程中得到了体系项目经费的支持。在此一并致谢！

编　者

2015 年 1 月

目录
CONTENT

绪　论

第一节　蔬菜育苗的概念及发展的意义

一、蔬菜育苗的概念

蔬菜育苗是指需要移植栽培的蔬菜，从播种到定植前在苗床中生长发育的全部过程。蔬菜育苗是蔬菜生产过程中重要的、技术比较复杂的栽培环节，特别是在非生长季节的蔬菜生产，保护地育苗就显得更为重要，调控技术也就更为复杂，育苗的效果也更显著。蔬菜育苗的实质是使蔬菜提前生长发育，即由于气候或茬口等原因或为了增加复种指数而无法在定植的地块，按计划时间播种栽培的情况下，创造可以提前或按时栽培的条件，以达到能正常栽培或提早栽培的目的。从另一个角度看，通过育苗可以改变蔬菜栽培的早期环境，这种改变往往是在人为创造的适宜条件下实现的，因而对蔬菜的幼苗期，甚至整个栽培过程都会产生较显著的影响。因此，必须全面地了解育苗的意义。

二、发展蔬菜育苗产业的意义

（一）蔬菜育苗的生物学意义

蔬菜育苗的生物学意义在于育苗使蔬菜作物提前生长发育，这种早期环境的改变对蔬菜产生内在的、本质的及后效的生物学影响，这种影响是极其深远的。如果人们能够有意识地在育苗中利用这个原理，创造一定的条件对蔬菜幼苗施予有效的生物学影响，则会取得良好的栽培效果；但如果忽视，则必然造成不利的影响。例如，在番茄春季保护地育苗阶段，完全可以人为创造强光照、低夜温和高营养的良好条件，促进番茄花芽的正常分化与发育，为早熟丰产打下基础。如果没有认识或不重视在育苗期间应该而且可能给予的生物学影响，而在弱光照、高夜温和低营养的条件下育苗，则会降低秧苗质量，最终影响栽培效果。

蔬菜育苗的生物学意义还在于为蔬菜作物生长发育增加了生物学有效积温。无论哪种作物，整个生育期或每个生育阶段的完成必须有一定的有效积温数，通常所说的“生长期不够”实质上指一生中有效积温数不够。通过育苗增加有效积温，就可以提前满足达到一定生育阶段所需的积温数，起到提早成熟或延长生长期的作用。

（二）蔬菜育苗的生产意义

育苗是以人工生态环境对幼苗施予影响，这种影响有时主要表现在“量”的方面，如创造适宜的温度条件；有时则表现在“质”的方面，如创造低温、短日照条件；有时是“量”和“质”的作用兼而有之。

在人为创造的良好环境下育苗，可提高秧苗质量：①能缩短在生产田中的占地时间，提高土地利用率；②可节省用种量，有节支增收的效果；③使蔬菜提早成熟，增加早期产量，提高经济效益；④有利于防除病虫害，防止或减少自然灾害；⑤便于茬口安排与衔接，有利于周年集约化栽培的实现；⑥在一定程度上可以克服盐碱地栽培立苗难、幼苗生长缓慢等问题；⑦秧苗体积小，便于运输，可选择资源条件好、育苗成本低的地区异地育苗。高度集中的商品苗生产可以带动蔬菜产业和一些相关产业的发展。商品苗生产的发展，可减轻菜农生产秧苗的负担及技术压力，促进蔬菜商品性生产的加速发展。

三、发展蔬菜育苗产业的必要性和可行性

我国人多地少，尤其是适合于蔬菜生产的优质地块更少。在耕地日益减少的情况下，蔬菜生产规模却在不断扩大，势必要增加复种指数，以提高单位面积的土地产出率和经济效益。在蔬菜生产中，有60%以上的蔬菜种类需要育苗移栽。据初步估算，目前全国蔬菜每年育苗量在4 000亿～5 000亿株。尽管育苗方式仍以分散的一家一户占主流，但近年来，在现代化农业的带动下，一些蔬菜产区逐渐实现了育苗的集约化、商品化和规模化，根据市场需求，进行周年性计划生产，大大提高了劳动生产率。

农业生产的效益在很大程度上受着规模效应的影响，一个种类、一个品种或是品牌的类型，一旦能形成应有的规模，则更有利于生产技术的提高，推动商品化生产和产业化进程。近十几年间，我国很多地方已形成了专业化、集约化和规模化生产的蔬菜基地。蔬菜商品化生产基地的迅速扩

大和发展，需要建立高效、快速、高质量、高水平的育苗基地或育苗中心。蔬菜商品化生产将有力带动蔬菜产业体系中的很多部门的发展，如种子的采后处理、加工、贮藏和运输等，同样也会使蔬菜育苗成为一个重要的产业部门，而且是一个技术含量高、经济效益好、具有活力和良好前景的产业部门。

第二节　蔬菜育苗的发展概况和趋势

一、蔬菜育苗的发展概况

我国蔬菜育苗技术的发展和蔬菜产业的发展、蔬菜栽培技术的发展密切相连，经过了一个从直播栽培到育苗移栽、从露地育苗到保护地设施育苗、从手工操作到现代化育苗、机械化育苗的过程。

（一）简易的蔬菜育苗方式

我国蔬菜育苗历史悠久，早在北魏贾思勰的《齐民要术》中就有关于茄子育苗移栽的记载。我国在相当长的一段时间内，大面积的蔬菜生产，一直应用简易的蔬菜育苗方式，而且育苗的蔬菜种类少、数量小、方法简单、条件简陋、管理粗放。例如，瓜类蔬菜最早用瓦钵育苗或简易的露地播种育苗等。直到20世纪初，一些大城市的郊区出现阳畦育苗，育苗技术才得以迈进一大步。

（二）设施育苗方式

20世纪60年代，我国引进了塑料薄膜覆盖栽培技术，蔬菜育苗规模不断扩大。我国主要城市郊区在扩大冷床、酿热温床育苗的基础上，又利用不同形式的塑料大、中、小拱棚覆盖育苗，使蔬菜育苗产业正式进入设施育苗新阶段。

（三）现代育苗方式

20世纪70年代后，我国蔬菜育苗进入又一新阶段，即开始应用现代化的育苗技术。主要表现在：一个是在一些大、中城市的郊区开始使用室内控温、集中育苗；另一个就是在北京、天津和哈尔滨等地先后引进穴盘育苗等机械化生产线；同时，不少地区建立集中育苗供苗体系，使我国的蔬菜育苗技术向现代化方向迈进了一大步。

从20世纪70年代末，以引入电热控温技术为中心的电热育苗开始，伴随着育苗生产的发展，育苗技术也在进行着一系列的改进。主要内容为：控温催芽出苗（催芽室的应用）、提高并控制地温（电热温床的应用）、改善床土结构及营养（合理配制营养土）、实行无土育苗、改革育苗设施（用大、中棚代替小棚育苗）、改善光照条件、适当缩短育苗期、保温节能（多层覆盖）、容器育苗等。

20 世纪 80 年代初，北京、上海等地先后引进了蔬菜工厂化育苗的设施设备，国内的一些大专院校及科研单位在消化吸收引进技术和推广应用方面做了大量工作，在利用简易设施进行工厂化育苗方面，也积累了较为丰富的经验，而且取得了巨大的社会效益和经济效益。

20 世纪 90 年代至今，工厂化育苗设施及技术均取得了长足的发展与进步。根据设备条件的不同和育苗程序的差异，目前国内工厂化育苗技术又分为初级工厂化育苗和高级工厂化育苗。所谓初级工厂化育苗是在阳畦育苗的基础上，加上电热线，使苗床温度由全靠阳光到阳光与电热加温相结合。高级工厂化育苗是将催芽出苗、幼苗绿化、分苗到成苗 3 个阶段各自安排在一个人工控制的适宜环境中进行，类似于工厂的生产车间，使育苗真正实现了工厂化。此外，国内许多单位还根据蔬菜工厂化育苗程序，自行设计了一些简易设施用于育苗。

目前，我国各地蔬菜育苗技术水平差异较大，多种育苗方式和技术并存，传统土阳畦育苗、电热温床育苗方式仍然大量存在，工厂化育苗、组织培养育苗等新技术发展迅速并被逐步接受和推广。

进入 21 世纪后，尤其是近 5 年来，在我国农业政策导向下，农业种植结构进行了翻天覆地的改革和调整，蔬菜的种植面积越来越大，特别是蔬菜保护地生产面积发展更快，日光温室（冬暖型节能日光温室）、塑料大棚、塑料网室等如雨后春笋般出现。但是，由于生产者技术水平的差异，特别是在新调整的不少地方出现了“育苗难”或“育不出好苗”的现象，以致影响了蔬菜的生产或产品品质、产量的提高。因此，有不少生产者热切希望能获得高质量的秧苗。

二、现代蔬菜育苗的发展趋势

（一）品种优良化

随着蔬菜生产规模的扩大，生产技术水平的不断提高和人们对蔬菜品质重视程度的加强，蔬菜优良新品种的选育工作会加快进行，必将选育出和推广更多的优良蔬菜新品种，逐步实现蔬菜品种的更新换代。

（二）规模化生产

蔬菜育苗选择适生区规模化生产，便于集中生产管理和经营，可以降低生产成本，创造规模效益。蔬菜秧苗耐贮运能力较差，但随着育苗设备的革新和包装、运输能力的不断提高，使规模化生产然后进行异地销售成为可能。

（三）周年化生产

随着蔬菜育苗设施种类的增多，各类设施的环境调控能力不断加强，实现蔬菜秧苗周年生产已不存在技术障碍。并且，目前国内各地设施蔬菜面积不断扩大，栽培茬口的多样性，保证了蔬菜秧苗的周年需求。

（四）标准化生产

随着人们对蔬菜产品质量的要求越来越高，市场准入制度的逐渐完善，必然要求蔬菜种植者选择优良的种苗。因此，育苗企业就需要进行严格的标准化生产，才能保证育出高质量的蔬菜秧苗，以保证后期的优质产品产出。

第三节　蔬菜育苗产业的限制因素

在蔬菜生产中是否需要育苗或能否进行育苗，除了取决于蔬菜本身栽培特性外，育苗在生产上的应用还受到以下几方面因素的制约。

一、蔬菜种类

有些蔬菜不适合育苗栽培。如根菜类蔬菜的萝卜、胡萝卜等，移植不难成活，但主根容易受损或折断，在肉质根形成时增加叉根及畸形根的比例，会降低产品质量。还有瓜类及豆类等蔬菜可以育苗栽培，但根系木栓化早，根系受伤后恢复力较弱，缓苗困难，生产上应采用护根育苗，且苗龄要小。

二、灌溉条件

水分调控是蔬菜育苗中，调节秧苗生长发育的重要手段，在蔬菜育苗栽培中必须具有完善的灌溉条件。不具备灌溉条件的地方很难应用育苗技术。

三、机械化栽培

与机械化直播相比，育苗后的机械化定植要困难得多。虽然现在的工厂化穴盘秧苗在国外一些发达地区已经能够进行机械化移栽，但目前适宜我国日光温室栽培的小型定植机械还很滞后，还需要进一步研究和开发。

四、秧苗运输

在集中育苗、分散供应的指导思想下，解决好秧苗运输问题不容忽视。在现代化蔬菜生产中，蔬菜秧苗运输需要的设施、设备以及技术，也是育苗产业应亟待解决的一个限制因子。

五、育苗技术水平

蔬菜育苗生产需要具有一定的专业技术知识。蔬菜育苗从业人员的技术水平高低直接影响着秧苗的质量，秧苗质量的高低又影响后期蔬菜生产的经济效益。而且如果育苗的投资大、效益低，就难以达到育苗栽培的目的，也限制了育苗栽培的普及。

六、育苗投入

在非生产季节育苗需要一些必要的设施、设备。如冬、春寒冷季节的保护地育苗，需要保护地设施以及加温设备；炎热夏季育苗需必要的遮阳、避雨、降温设施与设备。育苗环节投入的大小在很大程度上决定着育苗的效果。因此，育苗投入也是蔬菜育苗中的一个主要限制条件。

第四节　优质秧苗的标准

壮苗是指秧苗的生产潜力大（即健壮的秧苗），具有生长发育适度且平衡、高产潜力大，若用于早熟栽培具有早熟性，定植生产田后缓苗快、生长势强，有较强的适应性和抗逆性等特点。培育适龄壮苗既是育苗的目的，又是蔬菜早熟、丰产的基础。在整个育苗过程中都是始终围绕这个目标，通过适宜的育苗设施、合理的育苗方法和技术等手段来培育适龄壮苗。

一、优质秧苗的外部形态标准

王化（1987）提出蔬菜壮苗的一般形态特征标准：生长健壮，高度适中，茎粗、节短；叶片较大，生长舒展，叶色正常或稍深、有光泽；子叶大而肥厚，子叶和真叶都不过早脱落或变黄；根系发达（尤其是侧根多），定植时短白根密布育苗基质块的周围；秧苗生长整齐，既不徒长，也不老化；无病虫害；用于早熟栽培的秧苗带有肉眼可见的健壮花蕾，且营养生长和生殖生长协调。

二、优质秧苗的形态数量化指标

（一）简单指标

全株干重、冠干重、根干重、茎高、茎粗、叶面积、叶片数、第一花节位和花芽级数等指标受生态环境影响很大。指标值的增减不一定能准确反映出秧苗的健壮程度，在评价秧苗的素质时只能作为参考。

（二）相对指标

指 2 种单项性状的比值。主要有茎粗/茎高、根重/冠重、冠重/茎高和茎高/叶片数等。这些相对指标以适当的比值来反映秧苗的健壮程度。健壮秧苗的各器官处于一个协调的整体中，这些单一性状组成的相对性状的比值是稳定的，但这个稳定性也容易受育苗条件的影响。因此，相对指标作为衡量壮苗的指标还有待进一步研究。

（三）复合指标

复合指标是指由 2 个以上的简单指标组成的综合性指标。常见的有（茎粗/茎高＋根重/冠重）×全株干重、茎粗/茎高×全株干重或冠干重、根重/冠重×全株干重、茎粗/茎高×全株干重×叶片数、苗幅/苗高×叶片数等。一般情况下，这几个复合指标与前期产量的相关程度均达到显著或极显著水平。其中，茎粗/茎高×全株干重或冠干重为比较公认的壮苗指标公式（陆帼一，2002）。

三、优质秧苗的生理生化标准

优质秧苗应该表现为光合能力强，净同化率高；根系活力大、生长发育快，根系大且吸收肥水活跃；叶绿素含量高，潜在光合能力强；碳氮比（C/N）为1∶1.2。

四、苗龄的形态指标和生理指标

苗龄不能单纯指从播种到定植经历的天数。在育苗设施、育苗技术水平和栽培品种相同的情况下，用日历苗龄来表示。但是，在育苗条件变化时，日历苗龄也随之改变。一般来说，苗龄包括形态指标、生理指标以及达到以上2个指标所需的时间。形态指标是指叶片数、株高和茎粗等；生理指标是指秧苗表皮细胞的角质化程度较高，抗逆性增强，定植后容易缓苗。壮苗是早熟丰产的基础，苗龄大，前期产量高，后期产量降低，中间产量比较稳定。后期产量低主要是由于根系活力降低造成的。所以，早春生产培育适龄大苗对提高前期产量和效益有利。苗龄较小，前期产量较低，但中后期产量高，生育期相对延长。日光温室和塑料大棚春茬栽培以尽量争取提早采收，需要培育较大的秧苗。此外，由于保护地设施的环境条件比较优越，即使苗龄偏大，也不易早衰。

第一章　蔬菜育苗基本类型及方法

在蔬菜栽培中，育苗是蔬菜生产的一个特点，也是栽培成功与否的一个关键。农谚有“苗好三成收”的说法，足以说明培育健壮的秧苗是丰产、稳产的基础。

蔬菜育苗方法有多种，各有特点和优势，适用于一定的育苗目的和育苗条件。根据场所可分为设施育苗和露地育苗。设施育苗还包括阳畦育苗、温床育苗和遮阳网育苗等；根据是否使用育苗基质可分为有土育苗、无土育苗；根据繁殖材料可分为种子（播种）育苗、扦插育苗、嫁接育苗和组培育苗等；根据育苗的容器种类分为纸钵育苗、营养块育苗、塑料钵育苗、岩棉块育苗、穴盘育苗和基菲育苗块育苗等。从实践生产看，有些育苗方法只不过是育苗中采用的技术措施，生产中往往是多种方法共同组成的育苗技术体系，如在温室中采用穴盘育苗方法进行嫁接育苗。随着生产技术的改进，育苗技术得到不断创新，新的育苗方法将不断出现。本章主要介绍目前蔬菜生产中常用的几类育苗方法。

第一节　有土播种育苗

蔬菜有土播种育苗的基本程序：计划的制订，设施建设的规划与营建，床址的选择与苗床的建造，育苗器材的准备，苗床培养土的准备与配制，播种期的确定，种子处理、播种和出苗期的管理（节庆典等，2001）。

一、床址的选择与苗床的建造

蔬菜育苗床址的选择与育苗所在的地理位置和育苗的季节有很大的关系。北方地区冬季育苗一般因气候条件原因主要在温室中进行，春秋季节可在温室、拱棚，甚至直接在露地阳畦进行，夏季只要采取防雨防虫措施，设施或露地均可。下面主要就北方地区早春育苗做主要介绍。

露地阳畦的制作：阳畦应选择在地势高燥，背风向阳、距水源近的地块。

生产上最常用的是单斜面的抢阳畦，坐北朝南，以便接受阳光、抵御寒风。畦宽1.6～1.8m，畦长可根据需要和地块大小而定，一般为6m或其倍数。

阳畦的建造时间，一般是10月下旬至11月上旬在土壤无冰冻之前进行（当地雨水过后大地封冻之前）。

先画好阳畦基线，浇水湿润土壤，做畦前先取出表土放在一边。首先做畦框墙，北框高，南框低，东西两框依南北框高度而形成北高南低的斜坡（北框高35～60cm，底宽30cm，顶宽15～20cm，南框高20～40cm，底宽35～40cm，顶宽30cm左右，东西框顶宽25～30cm）。做好畦框后，整平畦底，再填入起出的表土和基肥混合成的营养土，进行熟土晒垡，以利于来年幼苗的生长。

温室中考虑到成本因素，阳畦可在育苗前提前3d做准备即可。苗床大小根据实际需要而定。

二、床土的制备

苗床培养土的质量对蔬菜秧苗的生长发育影响很大。要根据当地的土质和肥源情况，就地取材，选择比较理想的材料来调配床土（营养土），一般要求既含有较多的有机质，养分充足，营养全面，不能有病菌感染，通透性好，又要有一定的黏性，移栽时不宜散坨。常用有机肥的养分含量见表1-1。

表1-1　牛粪、羊粪和鸡粪的养分含量表

单位：%

项目	粗有机物	全氮	全磷	全钾	钙	镁
牛粪	66.219	1.669	0.429	0.948	1.844	0.466
鸡粪	49.482	2.338	0.929	1.606	2.821	0.751
羊粪	66.241	2.012	0.496	1.321	2.888	0.705

例如，在番茄床土育苗与栽培中，需要施用有机肥。根据崔杰等（2004）的研究，施用不同类型和水平的有机肥，番茄秧苗的生长情况有差异。结果如下：

（1）3种有机肥牛粪、羊粪和鸡粪处理的株高比较。由表1-2可以看出，苗龄50d时株高最高的为鸡粪处理组，平均株高为33.11cm；其次为羊粪处理组，平均株高为32.33cm；最低的为牛粪处理组，平均株高为31.11cm。苗龄56d时，株高最高的为鸡粪处理组，平均株高为34.89cm；其次为羊粪处理组，平均株高为34.44cm；最低的为牛粪处理组，平均株高为33.33cm。苗龄62d时，株高最高的为鸡粪处理组，平均株高为41.44cm；其次为羊粪处理组，平均株高为41.11cm；最低的为牛粪处理组，平均株高为36.56cm。

表1-2　相同水平有机肥牛粪、羊粪和鸡粪处理的株高变化比较

单位：cm

项目	牛粪处理组（$9m^3$/亩*）	羊粪处理组（$9m^3$/亩）	鸡粪处理组（$9m^3$/亩）
苗龄50d株高	31.11	32.33	33.11
苗龄56d株高	33.33	34.44	34.89
苗龄62d株高	36.56	41.11	41.44

（2）3种水平有机肥鸡粪处理的株高比较。由表1-3可以看出，苗龄50d时株高最高的为鸡粪$6m^3$/亩处理组，平均株高为35.22cm；其次为鸡粪$3m^3$/亩处理组，平均株高为34.44cm；最低的为鸡粪$9m^3$/亩处理组，平均株高为34.33cm。苗龄56d时，株高最高的为鸡粪$6m^3$/亩处理组，平均株高为36.89cm；其次为鸡粪$3m^3$/亩处理组，平均株高为35.33cm；最低的为鸡粪$9m^3$/亩处理组，平均株高为34.89cm。苗龄62d时，株高最高的为鸡粪$9m^3$/亩处理组，平均株高为41.34cm；其次为鸡粪$6m^3$/亩处理组，平均株高为41.22cm；最低的为鸡粪$3m^3$/亩处理组，平均株高为38.89cm。

表1-3　3种水平有机肥鸡粪处理的株高变化比较

单位：cm

项目	鸡粪处理组（$3m^3$/亩）	鸡粪处理组（$6m^3$/亩）	鸡粪处理组（$9m^3$/亩）
苗龄50d株高	34.44	35.22	34.33
苗龄56d株高	35.33	36.89	34.89
苗龄62d株高	38.89	41.22	41.34

* 亩为非法定计量单位。1亩=1/15公顷。

（3）3种有机肥牛粪、羊粪和鸡粪处理的茎粗比较。由表1-4可以看出，苗龄50d时茎粗最大的为鸡粪处理组，平均茎粗为1.28cm；其次为牛粪处理组，平均茎粗为1.17cm；最小的为羊粪处理组，平均茎粗为1.03cm。苗龄56d时，茎粗最大的为鸡粪处理组，平均茎粗为1.55cm；其次为牛粪处理组，平均茎粗为1.41cm；最小的为羊粪处理组，平均茎粗为1.36cm。苗龄62d时，茎粗最大的为鸡粪处理组，平均茎粗为2.08cm；其次为牛粪处理组，平均茎粗为1.95cm；最小的为羊粪处理组，平均茎粗为1.86cm。

表1-4　相同水平牛粪、羊粪和鸡粪处理的茎粗变化比较表

单位：cm

项目	牛粪处理组（$9m^3$/亩）	羊粪处理组（$9m^3$/亩）	鸡粪处理组（$9m^3$/亩）
苗龄50d茎粗	1.17	1.03	1.28
苗龄56d茎粗	1.41	1.36	1.55
苗龄62d茎粗	1.95	1.86	2.08

（4）3种水平有机肥鸡粪处理的茎粗比较。由表1-5可以看出，苗龄50d时茎粗最大的为鸡粪$9m^3$/亩处理组，平均茎粗为1.23cm；其次为鸡粪$6m^3$/亩处理组，平均茎粗为1.18cm；最小的为鸡粪$3m^3$/亩处理组，平均茎粗为1.12cm。苗龄56d时，茎粗最大的为鸡粪$9m^3$/亩处理组，平均茎粗为1.59cm；其次为鸡粪$6m^3$/亩处理组，平均茎粗为1.45cm；最小的为鸡粪$3m^3$/亩处理组，平均茎粗为1.39cm。苗龄62d时，茎粗最大的为鸡粪$9m^3$/亩处理组，平均茎粗为2.11cm；其次为鸡粪$6m^3$/亩处理组，平均茎粗为1.92cm；最小的为鸡粪$3m^3$/亩处理组，平均茎粗为1.62cm。

表1-5　3种水平有机肥鸡粪处理的茎粗变化比较

单位：cm

项目	鸡粪（$3m^3$/亩）	鸡粪（$6m^3$/亩）	鸡粪（$9m^3$/亩）
苗龄50d茎粗	1.12	1.18	1.23
苗龄56d茎粗	1.39	1.45	1.59
苗龄62d茎粗	1.62	1.92	2.11

（5）3种有机肥牛粪、羊粪和鸡粪处理的叶片数比较。由表1-6可以看出，苗龄50d时叶片数最高的为鸡粪处理组，平均叶片数为6片；其次

为牛粪和羊粪处理组，平均叶片数为 5 片。苗龄 56d 时，叶片数最高的为鸡粪处理组，平均叶片数为 7 片；其次为牛粪和羊粪处理组，平均叶片数为 6 片。苗龄 62d 时，叶片数最高的为鸡粪和牛粪处理组，平均叶片数为 9 片；最低的为羊粪处理组，平均叶片数为 8 片。

表 1-6　相同水平牛粪、羊粪和鸡粪处理的叶片数变化比较

单位：片

项目	牛粪（$9m^3$/亩）	羊粪（$9m^3$/亩）	鸡粪（$9m^3$/亩）
苗龄 50d 叶片数	5	5	6
苗龄 56d 叶片数	6	6	7
苗龄 62d 叶片数	9	8	9

（6）3 种水平有机肥鸡粪处理的叶片数比较。由表 1-7 可以看出，苗龄 50d 时叶片数最多的为鸡粪 $9m^3$/亩处理组，平均叶片数为 6 片；其次为鸡粪 $6m^3$/亩处理组，平均叶片数为 5 片；最少的为鸡粪 $3m^3$/亩处理组，平均叶片数为 4 片。苗龄 56d 时，叶片数最多的为鸡粪 $9m^3$/亩处理组，平均叶片数为 7 片；其次为鸡粪 $6m^3$/亩处理组，平均叶片数为 6 片；最少的为鸡粪 $3m^3$/亩处理组，平均叶片数为 5 片。苗龄 62d 时，叶片数最多的为鸡粪 $9m^3$/亩处理组，平均叶片数为 9 片；其次为鸡粪 $6m^3$/亩处理组，平均叶片数为 8 片；最少的为鸡粪 $3m^3$/亩处理组，平均叶片数为 6 片。

表 1-7　3 种水平有机肥鸡粪处理的叶片数变化比较

单位：片

项目	鸡粪（$3m^3$/亩）	鸡粪（$6m^3$/亩）	鸡粪（$9m^3$/亩）
苗龄 50d 叶片数	4	5	6
苗龄 56d 叶片数	5	6	7
苗龄 62d 叶片数	6	8	9

由此可以看出，适量施用各种来源的有机肥料可显著促进番茄生长发育，表现为植株高大、茎叶粗壮、开花数多以及生物产量高等，从而为番茄取得高产优质以及高效奠定了坚实的基础。生产中若大量施用复混生物有机肥，一方面，可降低化肥使用量，减少因生产化肥而消耗的大量能源；另一方面，可避免因大量施用氮肥造成的地下水污染和产品硝酸盐污染。

在育苗面积大、肥料不足的地方，一般就地取苗床的表土（或比较肥沃的菜园土），过筛，掺入部分腐熟有机肥和少量过磷酸钙等。营养土的成分和配比虽各有差异，但通常以园土和腐熟的有机肥为主。要求量多、质优，适当配以氮、磷化肥或复合肥。

土肥混合的床土每立方米加入腐熟的鸡粪或其他有机肥等15～25kg，过磷酸钙1kg，草木灰5～10kg，充分拌匀。

床土和腐熟的有机肥的比例为6∶4或5∶5为宜，若要进行分苗的，播种床与分苗床也稍有区别，分苗床比播种床的土肥比例大些，分苗床土肥比以7∶3为宜。播种床铺垫10cm厚，分苗床可铺垫10～12cm厚。

另外，营养土配制时最好施入多菌灵或其他杀菌剂，50%多菌灵按每平方米用药10～12g与苗床土拌匀铺在苗床上。

在苗床土方面，一要注意所施用有机肥必须腐熟，切忌用生粪，以免发热烂根；二是不能单纯依靠化肥或追肥，要施用有机肥；三是全部原料都要过筛。

营养土铺于苗床，要注意平整、高低一致，并要求填好缝隙再浇水、播种。

三、种子的处理

为了预防苗期病害和促进种子快速出苗，播种前应进行种子消毒和浸种催芽。

（一）浸种

浸种就是在适宜的水温和充足的水量条件下，促使种子在短时间内吸足发芽所需要的水分（彩图1-1）。一般根据水温的不同有以下几种：

1. 一般浸种 用20～25℃的温水浸种，其目的是为种子提供足够的水分，使种子吸水膨胀、完成种子发芽的初始阶段。一般用于不易受病虫害感染的种子和容易发芽的种子。比较简单，容易操作，但无杀菌作用。

在浸种过程中或浸种结束后，要洗净附着在种皮上的黏质，以利于种子吸水和呼吸。若黏质较多时，可用0.2%～0.5%的碱液先清洗一下，必须使种子表面清洁不黏手、无气味时再进行浸种或催芽。浸种时每隔5～8h就应换一次水。不同的蔬菜种子浸种的时间也不同：豆类1～2h，白菜类、萝卜4～5h，莴苣7～8h，茄果类、瓜类8～12h，苦瓜、胡萝卜、菠菜、芹菜24h。有的种子种皮较厚且坚硬，如西瓜、苦瓜和丝瓜等；有的种子本身就是果实，如芹菜、芫荽等，因种皮、果皮较厚，吸水比较困难，可以在浸种前先进行机械处理，如大粒的瓜类种子可将胚端的种皮打破，小粒的种子可用硬物（砖头、石块）搓破果皮等，以利于吸水。

2. 温汤浸种　水温为55℃，因其是一般病原菌的致死温度，所以具有消灭病菌的作用。水量为种子量的3～5倍，浸种时要不断搅拌以使水温均匀，并不断添加温水使水温维持55℃约10min，随后使水温自然下降，再按一般浸种方法进行浸种。

3. 热水烫种　为了更好地杀菌，也为了使一些不易发芽的种子（茄子、冬瓜）易于吸水，或者使一些不易长期浸泡的种子（豆类）缩短浸种时间，可以采用热水烫种。水温70～85℃或更高，甚至用开水烫种。水量为种子量的5～6倍，烫种时要用2个容器来回倾倒以降低水温，使其降到55℃，再按温汤浸种的方法进行浸种。热水烫种的优点是杀菌效果好，并且还可钝化病毒，也可缩短浸种时间，但应用时必须格外小心，特别是种皮较薄的蔬菜种子，掌握不好会烫伤甚至烫死种子。

4. 营养液浸种　目前在蔬菜育苗中，人们尝试着用各种各样的营养液来浸种，包括瓜果类和叶菜类蔬菜，目的是提高种子的发芽率和幼苗的整齐度，而且可以获得较高的产量。常用的营养液含有的有效成分主要有:钙离子、钾离子、锌离子、硼和磷元素以及一些有机物，如尿素等。

李海平、郑少文等（2006）研究了硼、锌对苦荞芽菜生长和品质的影响。结果表明：硼砂浸种对苦荞芽菜的株高、产量和品质均有不同程度的促进作用，随着硼砂浓度的增加，增产效应越明显。不同浓度的硫酸锌浸种，均可以提高苦荞种子的发芽势和发芽率、苦荞种子的活力指数、苦荞种子脱氢酶和过氧化氢酶的生理活性，还可促进苦荞芽菜的生长和产量的提高以及提高苦荞芽菜维生素C的含量。

5. 植物生长调节剂浸种　使用植物生长调节剂，不仅会对绿体植物产生作用，而且用于浸种也会对植物幼苗产生影响。李海平、郑少文等（2009）研究了赤霉素（GA）浸种对苦荞种子萌发生理特性的影响。结果表明：不同浓度的GA浸种可以提高苦荞种子的发芽势、发芽率和活力指数；GA浸种可以提高苦荞种子的脱氢酶、过氧化氢酶和过氧化物酶的活性；低浓度的GA处理可以提高苦荞芽苗的产量和品质，高浓度的GA处理可以提高苦荞芽菜的产量，但维生素C和黄酮含量略有降低。李灵芝、李海平等（2008）研究了水杨酸浸种处理对黄瓜种子萌发和幼苗生长的影响。结果表明：较低浓度的水杨酸浸种处理可以促进黄瓜种子的萌发。黄瓜种子发芽率、发芽势、活力指数和幼苗鲜重等指标在低浓度范围内呈显著增长趋势，其中1.00mmol/L水杨酸处理效果最显著，而高于1.00mmol/L的水杨酸则对种子萌发起抑制作用。

（二）种子消毒

药剂消毒可采取药液浸泡法或粉剂拌种法（彩图1-2）。

1. 药液浸泡法　先把种子浸水10min左右，除去漂浮在上面的瘪种子，再进行消毒处理，或先进行温汤浸种后消毒处理。消毒可用福尔马林（40%甲醛）100倍液浸种10～15min，可杀死种子表面所带病菌，用10%磷酸三钠或2%氢氧化钠水溶液浸种20min，有钝化番茄花叶病毒的作用。药液浸种后还需再用清水清洗种子。

2. 粉剂拌种法　粉剂拌种法比较简单，可针对当地主要病害采用1～2种粉剂药物直接拌种即可，但拌种时应注意用药的浓度和剂量，高浓度的粉剂可适当加点细沙或草木灰等充填物，用药量一般为种子重量的2%～3%即可。

（三）催芽

催芽就是将浸完种的种子放在适宜的温度、湿度和氧气条件下，促使种子比较整齐一致地、迅速地萌发的一种措施（彩图1-3）。一般喜温性和耐热性蔬菜要求25～30℃，耐寒和半耐寒性蔬菜20～25℃。催芽是以浸种为基础的，但浸种后也可以不催芽而直接播种。在生理上，催芽就是幼胚积极活动的阶段。

催芽时将浸好的种子用干净的湿纱布、毛巾等包起，放在没有油污的清洁的容器中，如干净的瓦盆、瓷碗或瓷盆，盆底用小木棍架空，放上种子袋，上面盖一层较厚的布以利于保温保湿，然后将瓦盆放在适宜的温度条件下进行催芽。为了满足种子吸氧的要求，种子在种子包内应呈松散状态，并每隔4～5h把包内的种子翻动一次，以利于空气的流通，并使种子受热均匀。每隔20～24h还应清洗一次种子，以洗掉种皮上的黏质，再稍加晾干或甩干种皮上的水重新包好进行催芽。当有75%的种子出芽后即可停止催芽，准备播种。有时催芽后恰逢恶劣天气不适于播种时，可把催芽的种子摊开放在冷凉处进行“蹲芽”，以抑制芽的生长，一般可延迟1～2d播种。

四、播种

（一）播前准备

浇足底水，这次浇水量要供应整个育苗期，在育苗期间一般不再浇水。底水浇足的经验为，在阳畦浇水到头后，积水13～15cm深，待水下渗，共可渗湿35cm左右的土层，基本可满足苗期水分需要。

准备过筛细干土。播前“翻身土”和播后盖籽土，有时表面覆细沙更好，覆土厚度为种子的1.5～2倍，过薄会造成“戴帽出土”(子叶顶种壳出土)，子叶难展，不利于生长。

（二）播种期的确定

确定播种期的根本条件是蔬菜的种类和品种的生物学特性。在这个前提下，根据人们的消费需要而进行适期播种。另外，不同的环境条件以及不同的生产管理水平也在一定程度上影响着蔬菜的播种期。因此，很难确定一个统一的播种期，而且随着栽培技术的不断进展，播种期也有很大的变化。如在设施栽培中，只要设施条件适宜则可随时播种。

（三）播种量的确定

播种量因种植方式、种植密度、茬口安排、品种类型和栽培目的等不同而不同。一般单位面积的播种量应根据单位面积所需要的苗数、单位重量种子的粒数（千粒重）、种子的用价（纯度、发芽率等）和安全系数来确定。

1hm^2的实际播种量（g）＝1hm^2所要定植的苗数/（每克种子粒数×种子净度×发芽率）×安全系数（1.5～2）

在一般适宜的条件下，每公顷定植面积所需要的播种量大致为：番茄300～450g、辣椒1 200～1 650g、茄子525～600g、甘蓝375～600g、黄瓜2 250～3 000g、南瓜3 750～6 000g。

春播用种量少；夏秋播因病虫危害，易缺苗断垄，用种量加大。

五、苗床的管理

育苗是高度集约栽培，需要输入大量的劳动力，需专人管理。管理分以下几方面：

（一）温度管理

苗床条件是关系到幼苗质量很重要的条件之一。温度与苗子生长速度密切相关。在温度管理上，大体可分以下几个阶段：

1. 播种至出苗阶段 早春尽量高温。在这一阶段，喜温性蔬菜种类适宜25～30℃，耐寒性蔬菜20℃左右，温度较高可促进出苗。管理上，播种后苗床封闭，不透风，露地阳畦白天只揭盖草帘，不揭塑料膜（或玻璃窗），一直到80%出苗。

2. 出苗至第一片真叶完全展开 当80%以上出苗时，要降温，以防徒长、倒伏，否则会使下胚轴徒长，成为“高脚苗”。降温要逐日减，具体做法为，揭开塑料膜（或玻璃窗），开始通风，喜温性蔬菜种类降到白天以15～20℃、夜间12～16℃为宜；耐寒性蔬菜种类以白天8～12℃、夜间5～6℃为宜。降温通风的同时也就降低湿度。阳畦育苗主要通过揭盖草帘（玻璃窗）来控制温度，以防“闪苗”（失水或寒害造成叶缘失绿干枯）。草帘要早揭晚盖。

3. 真叶展开至定植前一周 喜温蔬菜适宜25℃左右，喜凉蔬菜20℃左右。如果进行“分苗”（也叫移苗），分苗后的几天又要升高温度以增高地温，利于缓苗，缓苗后温度还要降下来。

4. 定植前一周至定植出畦 定植前7～10d又要开始降温，锻炼幼苗，降低温度、湿度，阳畦中主要是降温，因其湿度本身不大。锻炼期间，基本上晚上也不盖透明覆盖物和草帘。

锻炼秧苗很重要，效果也明显，与不锻炼相比，定植后成活率高，缓苗快，苗子壮。

总结上述，温度管理基本是“两高两低”。

（二）湿度管理

阳畦育苗期间一般不浇水，只是要求浇足底水。苗期浇水害处不少：①降温，易烂根，或遇天气温度高时徒长；②相对湿度大，幼苗易得病。

所以，只是采取一些保墒、提墒措施：①盖细干土或细湿润土或细沙，分2次盖，一次在出苗后，另一次在间苗后；②用小铁丝钩中耕，可使土表疏松，切断毛细管蒸发水分，在夜晚返潮，起提墒作用。

一般要求播种时土壤含水量在20%～25%，锻炼期间在15%（黄瓜

17%）为宜。播种较晚或播种底水不足、旱情严重的也可在后期浇点小水，但浇水要在晴天，水量要小，最好是用喷壶喷水，或水壶浇，目的就是控制水量。

（三）分苗、间苗工作

分苗（也叫移苗）是培养壮苗的一项技术（彩图 1-4）。

分苗的好处：①可刺激根系生长，主根断，侧根发生多，长得快，增大了根冠比，起到抑制地上部徒长的作用，对培育壮苗有重要意义。②扩大营养面积。③可缩小育苗前期苗床面积，同时减少苗期管理投工。

所以，在栽培技术精湛的地区，一般都进行分苗。分苗特别适宜于苗龄长，或易于徒长的种类，如茄果类在花芽分化以前进行，即 2～3 片真叶以前进行；有的根系娇嫩且苗龄短、生长快的，一般分苗意义不大，通常不分，如黄瓜、西葫芦等。

如果不分苗的，则起码要进行间苗。间苗较简单、省工，但注意要及时间苗，可比分苗稍早点进行，去劣留优，去小留大。间苗后最好再覆一次细土或细沙，填好缝隙，或结合中耕一次，以利提温保墒（彩图 1-5）。

不分苗采取间苗的，幼苗质量明显差，地上部易徒长，到后期温度高，难控制；地下部根量少，主根深，移栽时伤根严重，缓苗期长。

分苗、间苗工作较细致、费工，但的确是育好壮苗的一项关键措施，尤其是番茄，否则难以控制徒长。分苗、间苗需及时，否则很易造成徒长苗。番茄在 2 片真叶时，即播后 30d 左右进行。

分苗时，要注意大小苗分级，大的和大的栽到一块，小的和小的分到一块，且要大小苗交换位置，把大苗放到阳畦南端，小苗放到中、北部。温室苗则相反（加温单尾面温室气温，冬季白天南边比北边高 2～3℃，夜间北边比南边高 3～4℃，南边温差大利于积累）。

分苗应在晴天，最好是上午进行，以利浇水后日晒苗床增温。

六、电热温床育苗

利用电热加温的苗床称电热温床。电热温床的加温原理是利用电流通过电阻较大的导体时将电能转变成热能进行温床加温。电热加温可补充酿热材料的不足，节省劳动力，而且电热温床发热快、温度高、温度均匀、调节灵敏以及使用时间不受季节限制（邢世岩，1990）。

电热温床育苗有利于克服低温等不良条件，适合北方地区冬春温室育苗，特别是因故错过了冷床育苗的最佳时期和寒冷的地区可以考虑采用，以利培育壮苗，提早定植，提早结果，为增产增收创造良好的条件。

电热温床育苗尤其是对喜温性蔬菜如茄果类、瓜类蔬菜而言，是一项较为先进的育苗技术（彩图 1-6）。

（一）电热线铺设

由于电热温床保温效果越好，电能的用量也越少，因此电热温床最好设置在温室内或大、中棚内，并要靠近水源和电源。选好育苗床后将育苗床土翻耕，耙平整细，待用。

1. 电热温床的功率 设置在设施内的电热温床，如要求夜间地温保持在 20℃，每平方米电热温床的功率则需设定在 80～100W，如原地温在 10℃以上，可不设隔热层。

2. 电热温床的结构 电热温床需电热线与控温仪配合使用。

电热线，由电热丝、引出线和接头 3 部分组成。电热丝为发热元件，采用低电阻系数合金材料，为防止折断常用多股电热丝合成，电热丝的绝缘层厚度为 0.7～0.95mm，比普通导线厚 2～3 倍，具有良好的绝缘电流和导热作用。引出线为普通铜芯电线，基本不发热。接头用来连接电热丝和引出线，采用高频热压工艺，结头要防水、防电。目前，市场上供蔬菜生产用的电热线每根功率为 800～1 000W，长 80～100m，可供 $10m^2$ 左右的苗床内铺设使用。

控温仪，目前用于电热温床的控温仪基本上是农用电子式控温仪，以继电器的触点做输出，只有通和断两个状态，用热敏电阻做测温用的感温头。控温仪机内采用集成电路，直接负载2 200W，标有“电源”字样的上面有两个接线柱，标“相”字的接线柱为火线，标“中”字的接线柱为零线，标“1、2”的两个接线柱各自能负载 5A 电流的电热线。中间有感温头插座。

控温仪与电热线的配套使用，将电源接在零线和火线上，电热线一端接在“1”或“2”上，另一端（和电源零线一起）接在电源的零线上，感温头插在中间插座内，另一头插入电热苗床中，当感温头内热敏电阻感受的实际温度高于或等于设定值时，桥路输出正信号，恢复常开状态；如感受的实际温度低于设定值时，桥路输出负信号，接通继电器，进行加温。

3. 布线间距 功率选定后，一般温室内每平方米需要 80～100W，可用计算方法求得，即先求出每米电热线的瓦数，再根据选定功率计算出布线间距。

计算公式为：

布线间距（米）＝每米电热线瓦数/选定功率

如常用的电热线为 100m 长，功率为 800W，则每米电热线瓦数为 8W，电热温床选定功率为每平方米 80W，则布线间距为 0.1m。

或者按照下面的公式计算：

总功率（W）＝温床总面积×功率密度

功率密度指每平方米所需要的功率，即 W/m^2。蔬菜育苗的功率密度一般是 80～100W/m^2。

所需电热线根数＝总功率/额定功率

额定功率是指所用电热线的额定功率，有 400W、600W、800W 和 1 000W 等。

一根电热线的铺设面积（m^2）＝电热线的额定功率/功率密度

一根电热线的铺线宽度＝一根电热线的铺设面积/温床宽度

一根电热线铺线的往返次数＝（电热线长度－铺线宽度）/温床长度

布线间距＝铺线宽度/（电热线铺线的往返次数＋1）

为了使外接线源处于同一侧，往返次数应该取偶数。

电热线铺设时要调节布线间距以调节温床的温度。

4. 布线方法 根据需要做成长方形的普通育苗床，一般宽 1m、长 8～10m。将床内土壤取出 20cm 左右后，放在苗床旁，将床底整平，铺 1 层厚为 8～10cm 的稻草或草木灰做隔热层。踏实后再盖 1 层土，即可铺设电热线。

铺线前，先在温床两头按计算好的间距钉上木桩，木桩距离 10cm 左右（或者按照上面公式计算所得值）。苗床两边稍密，苗床中间稍稀。铺线时 3 人 1 组，一人持线往返于温床两端放线，其余二人两头负责挂线，线的松紧要适度。电热线两头接头应留在育苗床一端，以便接照明电。电热线铺设好后先每隔 2～3m 小心横压一道土，把线固定好，线与线之间距离保持一致。线布好后，接通电源，合上闸刀开关，通电 1～2min。如电源线变软发热，说明工作正常，即可覆盖床土。如电源线不发热，说明线路不通，应检查线路，排除故障。

检查线路正常后，把苗床稍微踩实，再撒1层草木灰作为保护电热线的标志。营养土盖在苗床内，厚度为8～10cm，这层土不宜太厚，否则升温慢，耗电量大。但床土太薄，则影响根系生长，且易烧根。填入床土后，将其刮平，并浇足底水，因采用电加温，床土易干，播种前浇水量应稍大。一般可分2次浇入，第一次浇水后隔30min，再轻浇第二次，使床土吸足水，达到幼苗出土前不用浇水的要求，浇足底水后，安装保险器和闸刀开关，再接通电源。生产上现在也有直接在电热线铺好并铺草木灰后，在上面直接放育苗穴盘的，其管理类似。

（二）播种育苗，控制床温

电热温床可直接播种，也可催芽播种。因加温育苗，出苗率高，生长快，所以播种量要比冷床育苗少，育苗期比冷床育苗迟播10～15d。播种后覆盖1层厚约0.5cm的营养土，然后在上面盖一层无纺布，再盖1层薄膜，以利保温保湿尽快出苗，最后盖上小拱棚密封保温。播种后连续通电2～3d，昼夜加温，出苗期根据不同作物保持相应的温度：番茄20～22℃，辣椒、茄子22～24℃，西瓜28～30℃。有40%的种子出苗时，即将覆盖的无纺布和无纺布上的薄膜揭去，以防秧苗徒长。齐苗后注意通风降温，且于白天将电源关掉，白天利用日光增温，仅在夜间加温。

电热温床一般都设在温室或大棚内，晴天蒸发量大，水分蒸发快，加之床土与电热线相连，易干燥，因此应经常补充水分。浇水量少则不能满足秧苗生长的需要，浇水量大则湿度大，又易使秧苗发生猝倒病。苗床土壤湿度以保持表土发白、底土潮湿为宜。

如果出现苗床温度过高、秧苗徒长的现象，最有效的措施是经常检查苗床温度，控制通电时间。电热温床育苗的时间短，营养土内应施足基肥，一般不需追肥。如果秧苗较细小，可喷洒2～3次0.2%的磷酸二氢钾，进行根外追肥。如果营养钵土或穴盘基质过干可晴天中午进行浇水，浇水量不宜过大。其余技术措施参照冷床育苗。

（三）注意事项

（1）电热线铺设好后应先通电检查，然后断电铺设床土。如果电热线发生断线、漏电现象，应断电后进行检查，如果电热温床在使用过程中发生断线，因床上有菜苗不能取出检查更换，查找时应先仔细查找床面是否有刃器插入的痕迹，可借助断线检测器检查，将电加温线一端接火线，另一端空着用胶布暂时封上，将检测器顺电热线移动，检测器发出红光为正常，不发光处就是断线的地方。查到断线后，把断线处损坏的绝缘部分剪去，将内径 3mm 的聚氯乙烯套管套进线的一端，再将断线对绕，用锡焊牢后移到接线处，套在套管内，套管两端用环己酮加废的聚氯乙烯调成的胶水或用 Hm-2 型热熔胶封口。此外，还应严格按照电工操作规程管理温床。

（2）电热线只能做床土加温，但不能进行空气加温。可长期在土中使用，特别不能成卷地做通电试验或使用。注意：生产中现在也有专用的空气加热线。

（3）电热线的功率是额定的，布线后出现剩余或不足都不能随意剪短或接长。

（4）每根电热线的使用电压是 220V，单线使用时可直接接 220V 电源；使用双线时只能并联，不能串联；使用 380V 电源时，必须同时使用 3 根电热线，并采取星形接法。

（5）必须把整根电热线（包括接头）均匀地埋入土中，不得交叉、重叠和打结。

（6）用完的电热线取出时，严禁强拉硬拽或铲刨，以防损坏绝缘层；不用时要擦拭干净放到阴凉处，防鼠咬虫蛀；旧电热线在使用前要做绝缘试验。

（7）电热线与控温仪配套使用时必须采用三相电并采取星形接法。

七、育苗常见问题

（一）幼苗出土时出现“戴帽”现象

育苗时常会发生幼苗出土后种皮不脱落，夹住子叶，俗称“戴帽”或“顶壳”（彩图 1-7）。

为防止幼苗出土时出现“戴帽”现象，可采用以下几种防止措施：①播种前苗床要浇透底水，出苗前保持土壤湿润。②覆土要均匀，厚度适当，覆土后应及时盖上塑料薄膜，使种子处于湿润状态，以保持种皮柔软，易脱落。③种子平放，使整个种皮均匀吸水，这样当幼苗出土时盖在种子上面的土就会把种皮压住，使子叶很容易从种皮里脱出来。

（二）僵苗（老化苗）

当幼苗的生长发育受到过分抑制时，幼苗生长缓慢或停止，苗体小，根系老化生锈，不长新根，茎矮化，节间短，叶片小而厚，幼苗脆硬而无弹性。如黄瓜出现“花打顶”现象，就是典型的“老化苗”，又叫“小老苗”。产生幼苗老化的原因，主要是床土过干和床温过低，育苗期间怕徒长，控制水分过严；营养钵育苗时，因与地下水隔断，浇水不及时都会造成土壤严重缺水，加速幼苗老化。

为防止幼苗老化，可采用以下几种措施：①育苗期不宜过长，用短育苗期培育出大龄幼苗，推广以温度为支点、控温不控水的育苗技术。温度不能过低，水分供应要充足。②发现幼苗老化时，除注意温、湿度正常管理外，可喷“九二〇”10～30mg/kg 及其他植物生长调节剂，一般一周左右可恢复正常。

（三）苗期遇阴雪天、阴雨天

光照弱、温度低、空气湿度大，一定要注意照常进行揭开草帘等覆盖物，通风换气、见光，否则，不揭草帘会导致阳畦内温度比外界还要低，且连散射光也没有，不能进行光合作用，阳畦内空气湿度也大，易使幼苗衰弱、发黄，以致招惹病害。

这种天气管理稍有不同。通风量应小并增多次数，草帘可适当晚揭早盖，并要防止夜间受冻，必要时夜间加覆盖物。

待天气阴转晴好，通风应注意由小到大。若连阴几日，突然晴天，中午阳光强时还要注意中午“回席”——即中午前后盖一阵草帘遮光，或适当用喷壶给叶面喷点水，防高温强光危害，造成蒸腾失水过度，幼苗萎蔫受害。

下雨时，不要盖草帘，把草帘卷起，只把透明覆盖物支撑成坡状，以利挡雨排水，雨后温度低时盖草帘；否则，草帘湿，覆盖也得不到保温作用。

到后期，温度较高，拆掉透明覆盖物。遇下雨时，苗床下湿后要及时中耕，或撒干土吸湿，或遇雨时再临时加盖薄膜等挡雨。

（四）病害

茄果类易出现立枯病、猝倒病，少数霜霉病、黑枯病等，其病因多是由于湿度大造成。管理工作上做到：①注意通风，适时适量；②畦面撒些草木灰、细干土之类吸湿。

（五）连作障碍

床土育苗时，容易由于连续进行同一种类蔬菜的育苗而出现连作障碍，如土传性病害的发生还有营养元素的不均衡。郑少文等（2014）采用营养液培养法，研究了外源 $Ca(NO_3)_2$ 对 NaCl 胁迫下黄瓜幼苗生长和生理指标的影响。结果表明：60mmol・L^{-1} NaCl 胁迫显著抑制了幼苗形态生长和生物量积累，叶片光合色素和抗坏血酸含量显著降低，质膜透性、丙二醛、脯氨酸和可溶性蛋白含量显著增加；不同浓度 $Ca(NO_3)_2$ 处理，均使 NaCl 胁迫下叶片光合色素和抗坏血酸含量显著增加，质膜透性和 MDA 含量显著降低，脯氨酸和可溶性蛋白含量进一步增加，幼苗生长各指标不同程度提高。其中，4mmol・L^{-1}・$Ca(NO_3)_2$ 处理的各项指标均优于 2mmol・L^{-1} 和 6mmol・L^{-1} $Ca(NO_3)_2$ 处理。说明外源 $Ca(NO_3)_2$ 可通过促进叶片光合色素合成，增强细胞抗氧化能力和渗透调节能力，减轻胁迫造成的膜脂过氧化伤害，缓解 NaCl 胁迫对黄瓜幼苗生长的抑制，且以 4mmol・L^{-1} $Ca(NO_3)_2$ 处理的缓解效果最好。

第二节　无土播种育苗

无土育苗泛指不用传统的土壤做基质，而用蛭石、泥炭、珍珠岩和岩棉等天然或人工合成基质及营养液，或者利用水培、雾培等进行育苗的方法，有时也叫营养液育苗。

无土育苗是无土栽培中不可缺少的首要环节，并且随着无土栽培的发展而发展，同时无土育苗也适用于土壤育苗。

一、基质

育苗基质是固定并支持秧苗、保持水分和营养、提供根系正常生长发育环境的重要条件，选用适宜的基质是无土育苗的重要环节和培育壮苗的基础（彩图 1-8）。

无土育苗基质要求具有较大的孔隙度、合理的气水比、稳定的化学性质，且对秧苗无毒无害。

目前，基质育苗已被广泛应用，主要以草炭为主要材料，辅以蛭石、珍珠岩和腐熟的动物排泄物等形成复合基质。但是，复合基质中的草炭价格昂贵，一般农民朋友很难接受。高新昊等（2009）采用秸秆复配基质研究了在设施番茄栽培上的应用效果；薛书浩等（2009）研究了不同堆肥代替草炭作为日光温室栽培基质的应用效果，均取得了成功。为了降低育苗成本，选择基质还应注重就地取材、经济适用的原则，充分利用当地资源，这也是不同国家和地区使用不同育苗基质的原因之一。例如，日本蔬菜无土育苗常用炭化稻壳、赤土、沙子、蛭石和珍珠岩等为基质，其中，炭化稻壳可单独使用，也可以与沙子、赤土按一定的比例配合，荷兰栽培基质主要为岩棉和一些混合物（陶粒、泥炭、树皮和椰子纤维等），配之以相应的营养液滴灌技术，美国常用蛭石、珍珠岩等做基质，有时也应用经过充分腐熟和粉碎的树皮，并在其中加入20%（体积比）的粗沙或20%的草炭。在欧洲，利用岩棉进行蔬菜育苗则相当普遍。

由于我国地域气候等条件的限制，各地的主要农业生物质来源和数量不同，因地制宜筛选出合适作物生长的基质配方对于推广基质栽培很重要。

赵小伟等（2014）进行了菇渣复合基质对番茄幼苗生长的影响研究，将菇渣、草炭、蛭石和珍珠岩等按照不同体积比混合，配制成不同配方的复合基质，配方见表1-8。

表1-8　复合基质配方

单位：%

处理	菇渣	草炭	生物菌肥	蛭石	珍珠岩
T1	20	30	0	20	30
T2	0	40	10	20	30
CK	0	50	0	20	30

结果如下：

（1）不同配比复合基质的理化性质的分析。基质内部的气、液、固三相比例是由基质的物理性状来决定的，而通过对基质比例的改变一般能够影响植株根系对营养物质的吸收以及改变根系的生长发育状况，同时基质的化学性质也决定着基质环境是否适合植物生长发育。因此，基质的理化性质是衡量基质品质的重要指标。此次试验测定了基质的孔隙度、气水比和 EC 值等理化性质，见表 1-9。

表 1-9　复合基质理化特性

处理	容重（g/cm^3）	总孔隙度（%）	通气孔隙度（%）	持水孔隙度（%）	基质气水比	pH	EC（mS/cm）
T1	0.44	65.09	6.82	58.27	0.12	7.27	1.48
T2	0.50	61.55	6.07	55.48	0.11	6.70	1.27
CK	0.38	66.71	4.96	61.75	0.08	6.53	1.19

容重反映基质的疏松、紧实程度。适宜番茄苗生长的容重范围为 0.1～0.8g/cm^3，由表 1-9 可以看出，各处理的容重都在适宜范围内。总孔隙度反映基质容纳空气和水分的能力，总孔隙度较大的，容纳空气与水的量相应较大，反之则小。所有处理的孔隙度均在理想基质的总孔隙度（54%～96%）范围内。通气孔隙反映基质包含空气的能力，以 T1 处理的通气孔隙最大为 6.82%，CK 处理的最小仅为 4.96%，均比理想范围（15%～30%）低。持水孔隙度反映基质保留水的能力，以 CK 处理最大达到 61.75%，T2 处理最小为 55.48%，都在理想范围（40%～70%）内。气水比能够反映出基质中气、水之间的状况，气水比大，说明空气容量大而持水容量较小，气水比小，则空气容量小而持水量大。一般而言，气水比在 1：（1.5～4）范围内为宜，而试验中各处理只有 T1 的气水比接近适宜范围。番茄的适宜 pH 范围是 5.0～7.5，T1 处理的 pH 为碱性，其余 2 个处理为酸性，但都处于番茄生长的理想范围内。EC 值是基质水溶液所含盐离子总浓度的一个指标，EC 值过低，植株吸收矿质元素的营养不足，作物无法正常生长，而 EC 值过高，则会出现烧根的现象。一般认为，育苗的合理 EC 值不高于 2.5g/cm^3，试验中，T1、T2 处理的 EC 值都大于 CK，但都在合理范围之内。

（2）不同配比育苗基质对番茄幼苗株高的影响。株高可直观反映植株的长势，由图 1-1 可以看出，5 月 11 日，T1 处理与 T2 处理、T2 处理与 CK 处理之间差异不显著。从 5 月 11 日以后，各处理生长量开始增大，但 CK 和 T2 处理增长速度较慢，且增幅显著低于 T1 处理。到 6 月 1 日时，T1 处理的番茄幼苗株高最高，达 25.50cm，比 T2 处理、CK 处理分别高 11.07cm、12.43cm；T2 处理与 CK 处理之间差异不显著，株高相差仅 1.36cm。

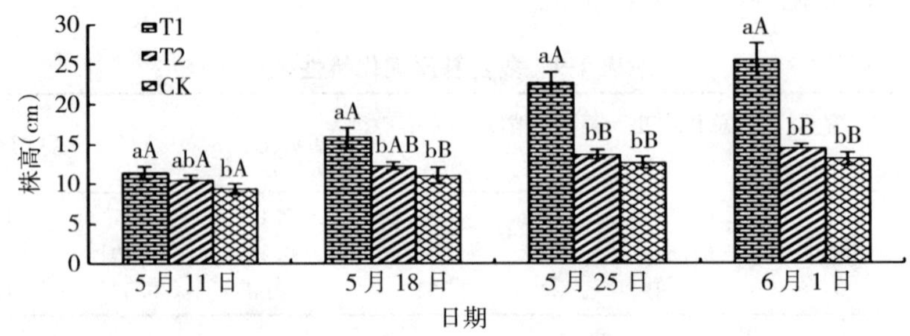

图 1-1　番茄幼苗株高的动态变化

注：小写字母表示 0.05 水平上差异显著，大写字母表示 0.01 水平上差异显著。

（3）不同配比育苗基质对番茄幼苗茎粗的影响。茎粗也是植株长势的重要指标，在一定程度上还可反映幼苗的健壮程度。由图 1-2 可知，5 月 11 日，T1 处理的茎粗极显著高于 T2 处理和 CK 处理，T2 处理与 CK 处理间差异显著。从 5 月 11 日至 6 月 1 日，T2 处理与 CK 处理番茄幼苗的增长速度很缓慢，而 T1 处理番茄幼苗的增长速度是先慢后快再慢。到 6 月 1 日时，T1 处理茎粗最高达到 9.19cm，比 T2 处理、CK 处理的茎粗分别高 3.49cm、4.17cm。T2 处理与 CK 处理之间差异显著，T2 处理的茎粗比 CK 处理的高 0.68cm。

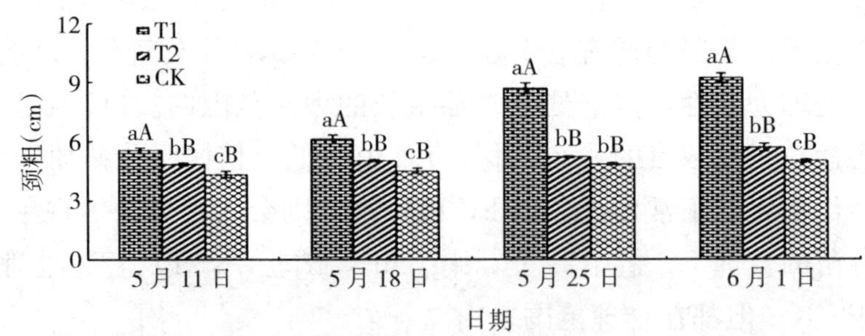

图 1-2　不同处理番茄幼苗茎粗的动态变化

注：小写字母表示 0.05 水平上差异显著，大写字母表示 0.01 水平上差异显著。

（4）不同配比育苗基质对番茄幼苗叶面积指数的影响。叶面积指数是反映植物群体生长状况的一个重要指标，其大小直接与最终产量密切相关。由图 1-3 可以看出，3 个处理对于番茄幼苗叶面积指数的影响，从 5 月 11 日至 6 月 1 日，T1 处理的番茄幼苗叶面积指数增长的幅度很大，T2 处理与 CK 处理的变动幅度很小。到 6 月 1 日时，T1 处理、T2 处理与

CK 处理的叶面积指数分别为 2.84、0.93、0.82，T1 处理的叶面积指数极显著高于 T2 处理与 CK 处理，比 T2 处理、CK 处理的叶面积指数分别高 1.91、2.02，T2 处理与 CK 处理之间的差异不显著，T2 处理比 CK 处理叶面积指数仅高 0.11。

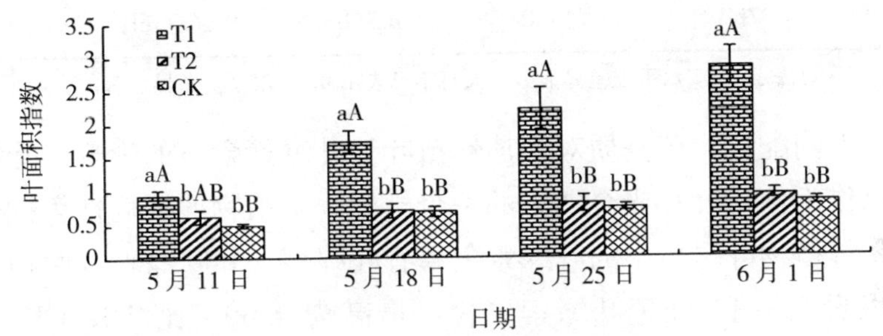

图 1-3　番茄叶面积指数的动态变化

注：小写字母表示 0.05 水平上差异显著，大写字母表示 0.01 水平上差异显著。

（5）不同配比基质对番茄幼苗干物质重量的影响。番茄苗期幼苗素质的好坏直接影响定植后植株的营养生长和生殖生长，幼苗干重是反映苗期幼苗素质的重要指标之一。由表 1-10 可以看出，T1 处理、T2 处理的番茄幼苗地上部干重均大于 CK 处理。其中，T1 处理幼苗地上部干重最大，比 T2 处理、CK 处理分别高 1.42g、1.59g。T2 处理与 CK 处理之间差异不显著。T1 处理的地下干重最大，极显著高于 T2 处理和 CK 处理，T2 处理与 CK 处理幼苗地下干重仅差 0.07g。各处理番茄幼苗全株干重与地上下部干重差异趋势表现出一致性，T1 处理幼苗的全株干重最大，比 T2 处理和 CK 处理分别高 1.84g、2.07g。

（6）不同配方基质对番茄幼苗根冠比和壮苗指数的影响。根冠比是指植物地下部与地上部干重或鲜重的比值，它能反映植物的生长状况以及环境条件对地上部与地下部生长的不同影响。从表 1-10 中可以看出，T2 处理的根冠比最大为 0.42，分别比 CK 处理、T1 处理大 0.03、0.09。CK 处理的根冠比比 T1 处理的大 0.06。壮苗指数具有较强的产量预测性，反映幼苗的素质，可作为评价幼苗质量的指标。从表 1-11 可以看出，T1 处理的壮苗指数最大，极显著高于 T2 处理和 CK 处理，T2 处理比 CK 处理大 0.22。

表 1-10　不同配方复合基质下番茄幼苗的干物质重量

处理	地上干重（g）	地下干重（g）	全株干重（g）	根冠比	壮苗指数
T1	2.08±1.09aA	0.69±0.38aA	2.77±1.46aA	0.33±0.03cB	1.87±0.28aA
T2	0.66±0.13bB	0.27±0.02bB	0.93±0.15bB	0.42±0.06aA	0.76±0.07bB
CK	0.49±0.37bB	0.20±0.18bB	0.70±0.55bB	0.39±0.11bB	0.54±0.16bB

注：小写字母表示 0.05 水平上差异显著，大写字母表示 0.01 水平上差异显著。

（7）不同配比育苗基质对番茄幼苗叶片叶绿素含量的影响。叶绿素的高低可以作为衡量叶片光合能力的一个指标，与植物的抗病性等抗逆能力有关。高等植物叶绿体中的叶绿素主要有叶绿素 a 和叶绿素 b 两种。由表 1-11 可以看出，T1 处理叶绿素 a 含量最高为 0.69，比 T2、CK 分别高 0.08、0.22；其次是 T2 处理，比 CK 处理高 0.14。3 个处理对番茄幼苗叶绿素 b 含量的影响差异不显著。所以，光合速率以 T1 处理最高，说明它有利于番茄幼苗叶绿素的合成，有利于光的吸收与光能的传递。类胡萝卜素能够吸收传递光能，保护叶绿素，是光合作用不可少的光合色素。由表 1-11 可知，T2 处理番茄幼苗的叶片类胡萝卜素含量最高，与 T1 处理叶片的类胡萝卜素含量差异不显著，它们极显著高于 CK 处理；CK 处理叶片的类胡萝卜素含量最低为 0.11，比 T1 处理、T2 处理分别低 0.03、0.05。

表 1-11　不同处理对番茄幼苗叶片叶绿素含量的影响

单位：mg/g

复合基质	叶绿素 a	叶绿素 b	类胡萝卜素
T1	0.69±0.90aA	0.34±0.43aA	0.14±0.10aAB
T2	0.61±0.32abA	0.31±0.20aA	0.16±0.05aA
CK	0.47±0.25bA	0.30±0.50aA	0.11±0.10bB

注：小写字母表示 0.05 水平上差异显著，大写字母表示 0.01 水平上差异显著。

（8）生产成本分析。由于不可再生资源草炭价格昂贵，本试验利用价格相对低廉的农业生产废弃物菇渣和生物菌肥来替代草炭。从表 1-12 中可以看出，T1 处理和 T2 处理复合基质的成本明显低于 CK 处理的成本，分别为 CK 处理成本的 83.12%、95.22%。而 T1 处理复合基质的成本比

T2 处理还要低一些。因此，T1 处理更经济，更容易被接受，也更适合用于大面积生产推广。

相对成本计算公式如下：

$$相对成本=\frac{各处理的成本}{CK\ 处理的成本}\times 100\%$$

表 1-12　不同配比复合基质的成本分析

复合基质	成本（元/100m³）	相对成本（%）
T1	26 100	83.12
T2	29 900	95.22
CK	31 400	100.00

注：各种基质市场价格，菇渣：135 元/m³；草炭，400 元/m³；生物菌肥，250 元/m³；蛭石：330 元/m³；珍珠岩：160 元/m³。

综合植株的株高和茎粗来看，T1 处理番茄幼苗的地上部分生长势更旺盛一些，可以合成更多的光合同化物，供给番茄幼苗生长发育所需。从叶绿素含量来看，T1 处理的番茄均优于其他两个处理，能为番茄生长提供丰富的养分和适宜的根部环境，促进番茄地上部生长，同时促进了叶绿素的合成。从植株形态、全株干重、根冠比以及壮苗指数综合来看，T1 处理的番茄幼苗质量最高，育苗效果最好，而且其成本相对较低，表明可以用菇渣替代草炭进行番茄育苗。

（一）基质的种类和特性

无土育苗常用的基质种类很多，主要有泥炭、蛭石、岩棉、珍珠岩、炭化稻壳、炉渣、锯末、种过蘑菇的棉籽壳和树皮等。不同的基质理化特性不同，这些基质既可以单独使用，又可以按一定比例混合使用，一般混合基质育苗的效果更好。

（二）育苗基质的选配

育苗基质应具有优良的理化特性，疏松透气，保水保肥，微酸性，化学性质稳定，不带病菌、虫卵、杂草种子及对秧苗有害的物质，育苗基质还要有利于根系缠绕、便于起坨的特点，通常由两种或几种基质按照一定的比例配合而成。

配制复合基质时，一般用 2～3 种基质即可，并且尽量选用当地资源丰富、价格低廉的轻基质，以有机无机复合基质效果更优。

利用复合基质育苗可以实现优势互补，提高育苗效果。基质不仅对秧苗起着固着作用，而且提供秧苗生长需要的水分和养分，所以基质的营养条件对秧苗的生命活动影响很大。目前，国内绝大部分穴盘育苗采用“草炭＋蛭石”的复合基质，比例按 2∶1 或 3∶1，草炭和蛭石本身含有一定量的大量元素和微量元素，可被幼苗吸收利用，但对苗期较长的作物，基质中的营养并不能完全满足幼苗生育的需要。为此，除了浇灌营养液的方法之外，常常在配制基质时根据其中的养分含量和作物的需求添加不同的肥料，并在生长后期酌情适当追肥，平时只浇清水，这样操作也比较方便。

二、营养液

无土育苗过程中养分的供应，除上面提到的在基质混配时将肥料先行加入外，主要通过定期浇灌营养液的方式解决（彩图 1-9）。

对营养液的总体要求是养分齐全、均衡，使用安全，配制方便。因此，在实际配制过程中应合理选择肥料种类，尽量降低成本，并将营养液的 pH 调整到 5.5～6.8。

营养液中铵态氮浓度过高容易对秧苗产生危害，抑制秧苗生长，严重时导致幼根腐烂，幼苗萎蔫死亡。因此，在氮源的选择上应以硝态氮为主，铵态氮占总氮的比例最高不宜超过 30％。

根据安重莹等（2009）的研究，在无土育苗过程中，能不能培育出壮苗，获得高产优质的产品，营养液的选择以及管理是非常关键的。许多试验研究表明，凡幼苗生长量较大的种类进行基质育苗时，除了基质物理性状较好外，还都含有丰富的营养元素，幼苗才能健壮生长。育苗基质中含有营养元素较少或不完全时，育苗过程中要浇灌营养液进行补充。通过研究基质和营养液共同对蔬菜产量、品质及环境的影响来评判基质的优势，也是目前研究无土栽培基质的一种较全面的综合评判方法，已逐步广泛应用于对基质的选择中。他们以“珍玉 2 号”番茄品种为试验材料，以炉渣作为番茄育苗基质，以荷兰番茄配方、山崎番茄配方、山东农业大学番茄配方和华南农业大学番茄配方作为配制营养液的配方，来探索何种配方及何种浓度所配制的营养液更有利于培育番茄壮苗。各类配方营养液营养元素含量见表 1-13 与表 1-14。

表 1-13 番茄大量元素营养液配方

单位：mg·L^{-1}

配方名称	硝酸钙 $Ca(NO_3)_2 \cdot 4H_2O$	硝酸钾 KNO_3	磷酸二氢铵 $(NH_4)H_2PO_4$	磷酸二氢钾 KH_2PO_4	硫酸镁 $MgSO_4 \cdot 7H_2O$	硫酸铵 $(NH_4)_2SO_4$	硫酸钾 K_2SO_4
荷兰	886	303		204	247	33	218
山东农业大学	910	238		185	500		
华南农业大学	590	404		136	246		
山崎	354	404	77		246		

表 1-14 微量元素通用营养液配方

单位：mg·L^{-1}

化合物名称	每升水含化合物毫克数	每升水含元素毫克数
乙二胺四乙酸·二钠铁 EDTA·Na_2Fe	20	2.8
硼酸 H_3BO_3	2.86	0.5
硫酸镁 $MgSO_4 \cdot H_2O$	2.13	0.5
硫酸锌 $ZnSO_4 \cdot 7H_2O$	0.22	0.05
硫酸铜 $CuSO_4 \cdot 5H_2O$	0.08	0.02
钼酸铵 $(NH_4)_6Mo_7O_{24} \cdot 4H_2O$	0.02	0.01

结果如下：

（1）不同配方营养液对番茄幼苗株高、茎粗和叶面积的影响。由图 1-4、图 1-5 和图 1-6 可以看出，在整个育苗期，施用荷兰番茄配方 1 倍标准浓度营养液的所有处理的株高、茎粗和叶面积都最大，其次是施用山东农

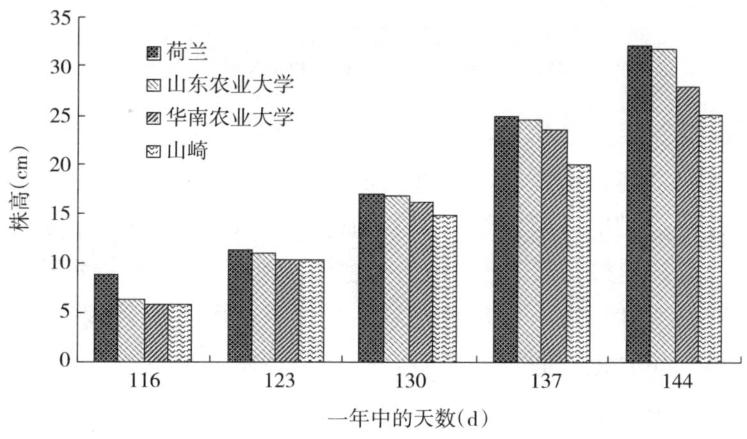

图 1-4 施用不同配方营养液番茄幼苗株高的动态变化

注：横坐标表示测试的时间，以一年中的天数来表示，1 月 1 日为第 1d。

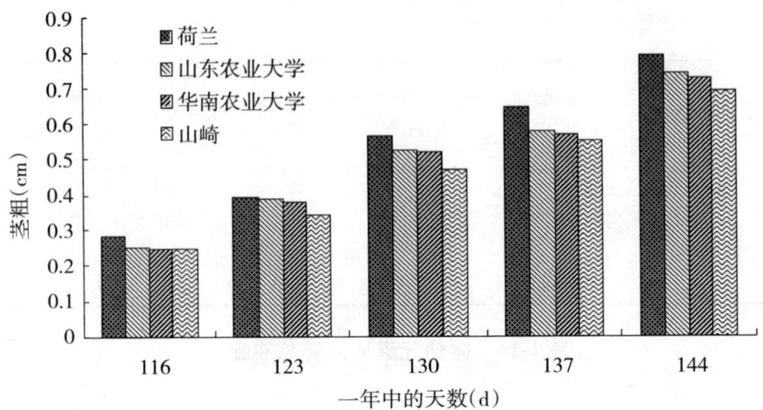

图 1-5　施用不同配方营养液番茄幼苗茎粗的动态变化

注：横坐标表示测试的时间，以一年中的天数来表示，1 月 1 日为第 1d。

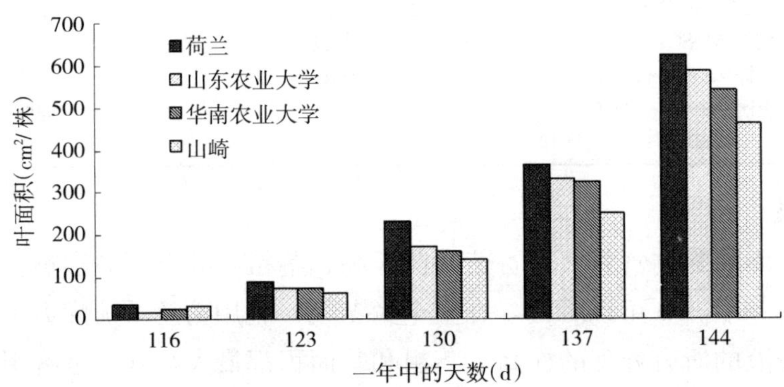

图 1-6　施用不同配方营养液番茄幼苗叶面积的动态变化

注：横坐标表示测试的时间，以一年中的天数来表示，1 月 1 日为第 1d。

业大学番茄营养液配方和华南农业大学番茄营养液配方的，最小的是山崎番茄营养液配方的。从番茄幼苗株高的生长动态来看，施用荷兰番茄营养液配方的处理，提早一周就达到了壮苗标准。从茎粗来看，施用荷兰番茄配方的，幼苗长得最粗最壮。经过对每隔一周测试的叶片面积进行分析，叶面积的增长速度较快，而且也是施用荷兰番茄配方的处理表现较好。从株高、茎粗、叶面积方面总的来看，番茄育苗施用荷兰番茄配方较好，而且可以缩短幼苗苗龄，提早一周育成大苗，降低生产成本，提高效益。

(2) 不同配方营养液对番茄幼苗叶片数和节间长的影响。如表 1-15 所示，在试验结束时，施用荷兰番茄配方和山崎番茄配方的 1 倍标准浓度营养液的处理幼苗真叶数最多，达 9.5 片。其次是施用山东农业大学番茄配方和华南农业大学番茄配方的，真叶数为 9.0 片。节间长 2.4～2.7cm，处理间差异不大。施用荷兰番茄配方的处理带花蕾，其余的处理不带花蕾。从番茄壮苗的各项指标来看，番茄育苗选用荷兰番茄营养液配方较好。

表 1-15　不同配方营养液对番茄幼苗叶片数和节间长的影响

配方名称	真叶数	节间长（cm）	花蕾
荷兰农业大学	9.5	2.5	有
山东农业大学	9.0	2.7	无
华南农业大学	9.0	2.6	无
山崎	9.5	2.4	无

注：表中数据为 5 月 20 日采集。

（3）不同配方营养液对番茄幼苗物质积累的影响。由图 1-7 和图 1-8 可以看出，在整个育苗期施用荷兰番茄配方 1 倍标准浓度营养液的所有处理的鲜重和干重都最大，其次是施用山东农业大学番茄营养液配方和华南农业大学番茄营养液配方的，最小的是山崎番茄营养液配方的。从番茄幼苗植株鲜物质和干物质的动态积累来看，施用荷兰番茄营养液配方的处理较好，植株生长较健壮。

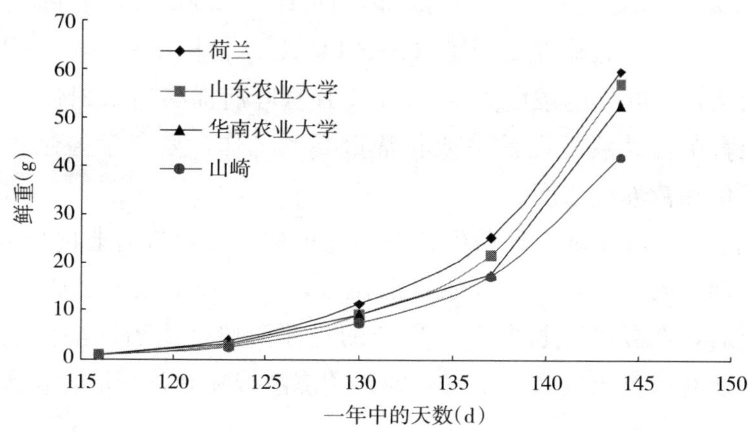

图 1-7　施用不同配方营养液番茄幼苗鲜重的动态变化

注：横坐标表示测试的时间，以一年中的天数来表示，1 月 1 日为第 1d。

由此可以看出，施用荷兰番茄营养液配方 1 倍标准浓度的营养液可促

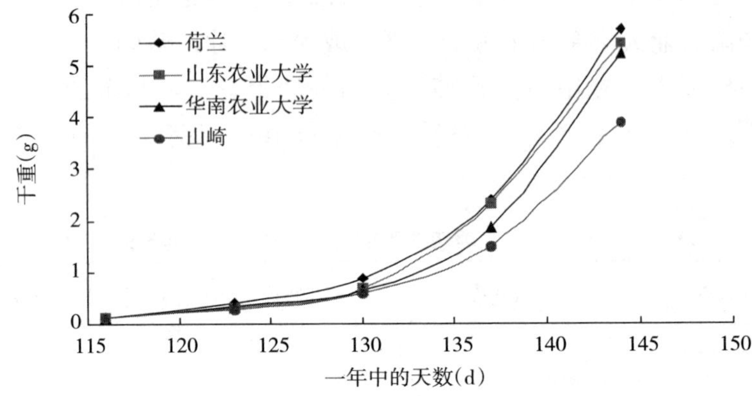

图 1-8　施用不同配方营养液番茄幼苗干重的动态变化

注：横坐标表示测试的时间，以一年中的天数来表示，1 月 1 日为第 1d。

进番茄幼苗茎粗的增长、鲜重的增加、干物质的积累以及叶面积的增长，而且增长速率最快，值得推广。

那么，对于其他蔬菜无土栽培育苗营养液使用的配方，应根据具体作物种类确定。常用配方有日本园试配方和山崎配方，使用标准浓度的1/3～1/2 剂量，也可使用育苗专用配方。试验表明，叶菜类育苗可采用配方为氮 140～200mg/kg，磷 70～120mg/kg，钾 200～270mg/kg；后期氮 150～200mg/kg，磷 50～70mg/kg，钾 160～200mg/kg。除使用标准营养液外，也可用氮磷钾复合肥（$N-P_2O_5-K_2O$ 含量 15-15-15）配成溶液后喷灌秧苗，子叶期的浓度为 0.1%，1 片真叶后提高到 0.2%～0.3%。

无土育苗营养液管理是一项非常重要的工作，要科学控制供液的时间、供液量和营养液浓度。

据试验，供液早晚对幼苗生长有明显影响，从幼苗出土时开始供液与子叶展平期或第一片真叶期开始供液比较，其生长量显著增加。这说明，幼苗出土后，在异养生长向自养生长的过渡阶段，适当提前供液是必要的。一般在幼苗出土进入绿化室后即开始浇灌或喷施营养液，每天 1 次或2d 1 次。

浇灌供液时必须注意防止育苗容器内积液过多，每次供液后在苗床的底部保留约 0.5～1cm 深的液层。前人的研究结果显示，在育苗的全过程中，每株番茄、茄子、黄瓜和甜瓜幼苗分别吸收标准浓度营养液为 800L、

1 000L、500L 和 400L。小规模育苗时可以参考这个标准，在苗期分次浇施营养液，将每次每平方米苗床的施用量控制在 10L 左右。夏季营养液育苗，浇营养液次数要适当增加，而且苗床要经常喷水保湿。作物不同时期营养液浓度不同，秧苗期营养液浓度应稍低一些，随着秧苗生长，浓度逐渐提高。日本有不少资料认为，幼苗期的营养液浓度应比成株期略低一些，一般为成株期标准浓度的 1/2 或 1/3。但也有人认为，苗期也应使用配方的标准浓度。多年无土育苗的实践证明，苗期营养液浓度比成株期略低，对果菜类幼苗的正常生育无妨。

营养液供给要与供水相结合，采用浇一次或两次营养液后浇一次清水的办法，可以避免因基质内盐分积累浓度过高而抑制幼苗生长发育。

机械化育苗，面积大的可采用双臂悬挂式行走喷水喷肥车，每个喷水管道臂长 5m，悬挂在温室顶架上，来回移动和喷液。也可采用轨道式行走喷水喷肥车。夏天高温季节，每天喷水 2～3 次，每隔 1d 施肥 1 次，冬季气温低，2～3d 喷 1 次，喷水和施肥交替进行。

另外一种供液方式是从底部供液。把水或营养液蓄在育苗床内，苗床一般用塑料板或泡沫板围成槽状，长 10～20m，宽 1.2～1.5m，深 10cm 左右，床底平且不漏水，底部铺一层厚 0.2～0.5mm 黑色聚乙烯薄膜做衬垫，保持薄层营养液厚度在 2cm 左右，通过营养液循环流动增加氧气含量。冬季育苗需要加温时，先在底部铺一层稻草或聚苯乙烯泡沫作为隔热层，上面再盖 2cm 厚的沙层，在沙层中安放电热线，功率密度 70～80W/m^2，最后在其上设置苗床。也有的将床底做成许多深 2mm 的小格子，育苗块排列其上，底部供液，多余的营养液则从按一定间隔设置的小孔中排出。

为了降低育苗成本，营养液供液的方式可采用回收循环的方式，在工厂化育苗过程中，营养液循环装置主要包括进液管、排液管、贮液池和电泵等，对于循环使用的营养液务必及时调整其浓度和酸碱度。

三、育苗方式

无土育苗包括播种育苗、扦插育苗和试管育苗（组织培养育苗）等方法，以播种育苗最常用，其方式有以下几种：

（一）育苗钵育苗

按照制钵的材料，又可分为塑料钵、营养钵和纸钵等不同类型。

1. 塑料钵 育苗中应用广泛，种类也多。外形有圆形和方形，组成有单个钵和联体钵；塑料种类有聚乙烯钵和聚氯乙烯钵。目前，主要用聚乙烯制成的单个软质圆形钵，上口直径和钵高分别为8～14cm，下口直径6～12cm，底部有一个或多个渗水孔利于排水（彩图1-10）。育苗时根据作物种类、苗期长短和秧苗大小选用不同规格的钵，蔬菜育苗多使用上口直径8～10cm的，填装基质后播种或分苗。一次成苗的作物可直接播种；需要分苗的作物则先在播种床上播种，待幼苗长到一定大小后再分苗至钵中。塑料钵中的基质可以是单一基质，也可以是混合基质。营养液从上部浇灌或从底部渗灌。硬质塑料联体钵一般由50～100个钵联成一套，每钵的上口直径2.5～4.5cm，高5～8cm，可供分苗或育成苗。

有些塑料钵的侧面和底部有孔，容积200～800mL不等，使用时装入砾石或其他基质，然后放在营养液深1.5～2.0cm的育苗盘中育苗，待成苗后直接定植到栽培槽的定植孔穴中或盛有基质的花盆中，作物根系通过底部和侧面的小孔伸到营养液或基质中。这种育苗方法主要用于沙砾培、深液流培的果菜类，这种育苗方法的播种苗床仍需要基质，幼苗一片真叶时转移到塑料钵中培育成苗。有的塑料钵不用基质，在钵上有一塑料盖，中间有一孔，只要将秧苗裹以聚氨酯泡沫后固定在孔中即可。

2. 营养钵 利用制钵机将营养基质或营养土压制成中间有孔的方形小块，制成的营养钵内含有种子发芽所需的水分及幼苗生长的营养，供播种或移苗（彩图1-11）。播种的可将种子播入制作的营养土块的穴内，直接培育成半成苗或成龄苗，播种覆土后不再立即浇水。分苗的可在适宜的时期把苗移入其内，育苗期间无需另行提供养分。

营养钵育苗因为基质块体积较大，同样面积上的育苗数较少，采用机械嫁接有一定的难度，故多应用于无需嫁接的蔬菜种类或扦插育苗。

国外广泛应用，国内近年来发展速度很快。最典型的就是育苗营养块和基菲育苗块。鉴于目前的发展速度和生产上的使用情况，下面做具体讲述。

（1）育苗营养块。蔬菜育苗营养块又叫泥炭育苗营养块、一体化育苗营养基、压缩式育苗营养块等（彩图1-12），是在继承传统穴盘育苗技术的基础上及不断创新过程中得到快速发展的一种新型育苗方式（刘宗立，2006）。

育苗营养块是适宜育苗的基质经机械压制而成，北方地区多用泥炭为主要原料，添加植物生长所需要的各种营养成分，通过工业化手段将基质、营养、控制病虫害、调节酸碱度和容器5种功能集成为一体，使用前只需吸水膨胀，育苗块即可膨胀回弹至疏松多孔状态，再向孔穴内播入种子或分入小苗即可完成育苗操作。操作简单方便，省工省力，广泛应用于蔬菜、花卉、瓜果、烟草、棉花和林木等多种经济作物的种苗生产，尤其适用于缺少优良土质的城近郊区和风沙、盐碱、干旱地区。

使用蔬菜育苗营养块的优点：①无须自行配制播种育苗基质，操作简单易行，节约劳动力；②幼苗移植后生长更迅速整齐，减少移植后因根系损伤造成的损失；③可使植株开花、结实提前且生长更整齐，生长期缩短，因而单位面积产量随之提高；④减少病害传播的概率。

所以说，带基质定植、无需缓苗是育苗营养块最突出的特点。

育苗程序：①平整苗床。用平板将苗床地面刮平，并使用水平仪测量苗床的平整度，以利于育苗吸水均匀，便于后期水分管理，利于秧苗大小一致。苗床四周做好围堰，防止水分外流。②铺设地膜。用普通地膜覆盖床面，用于保持水分，防止根系下扎，移栽后不利缓苗。③摆放育苗块。根据幼苗个体大小摆放育苗块（彩图1-13）。④第一次洒水。用喷壶从育苗块上面洒水，让育苗块表面全部浸润，直到水位高度与育苗块高度持平。⑤第二次灌水。水分吸收后，再次用去掉喷壶嘴的喷壶从育苗块之间的空隙中灌水，直到水位高度与育苗块高度持平时停止灌水，等待水分完全吸收。⑥检查膨胀是否完全。用牙签或铁丝等尖细材料扎刺育苗块，看是否有硬芯。如果仍有硬芯，要继续补水，直到吸水完全。如已经吸水充足，则将地膜上的积水排掉。⑦播种或分苗。为保证种子发芽率，尽量催芽播种（包衣种子可不处理），将催芽萌发的种子平放到育苗块预制种穴中，每个育苗块只放一粒种子。分苗方式育苗时，将育好的小苗直接插入分苗孔内即可。⑧覆盖。用细碎园土或蛭石覆盖种子，覆盖基质要盖满育苗块表面。⑨移栽。移栽前停止供水，进行幼苗锻炼。将秧苗带块移栽到大田移植坑内，浇灌定植水，促进根系快速萌发生长。待水分渗透以后，用土将幼苗基部及育苗块表面培土覆盖2～4cm。

（2）基菲育苗块。基菲育苗块是由挪威Jiffy公司生产的育苗基质、天津荷丽兰新技术开发有限公司正在推广的技术，该机制由70%的水藻草炭和 30%的纸浆组成，并加入了碱性物质以调节 pH，且含有化肥以促进幼苗生长。育苗丸直径为 18～42mm（彩图 1-14）。主要产品为育苗块 7 号（加入胶黏剂压缩而成）和育苗块 9 号（压缩后外面再包裹一层可降解的网）。

这种基质具有良好的水分、空气和离子交换能力，缓冲能力、持水能力均较强，可在幼苗运输过程中保持良好状态，使幼苗根系发育自然，无盘根、无变形和无空气断根问题。幼苗可在任何时候定植，无须等到基质完全被根系包裹。

育苗块的使用方法简单，因其经过压缩，使用前要先加水膨胀。将育苗块放在平整的铺好带孔塑料薄膜的苗床上，不同蔬菜丸距不同，最好使用特制的基菲育苗盘，这种育苗盘由聚苯乙烯制成，有特殊的形状和开口以保证通气和排水，具有不同型号，每盘可容纳 25～140 枚育苗块（彩图 1-15）。用喷雾器向育苗丸喷水，要求雾滴细密，少喷勤喷，喷水间隔期要短，以育苗块表面不干为准，同时，要避免使用过冷的水。

播种时，可在适宜的时间将干种子（种子表面最好有种衣剂）种在育苗块中贮存，需要时再移入温室加水膨胀，等待发芽。幼苗生长期间，养分可自行供应，只要保证适宜的温度，适期浇水即可，一般 3～4 周即可定植，主要用于果菜类育苗。

3. 纸钵 主要用于培育叶菜类蔬菜的小株型幼苗。通常用牛皮纸浆，加入 10%～30%的亲水性尼龙纤维、少量防腐剂和化肥制成，在育苗期间不会腐烂和破碎。这种纸钵展开时呈蜂窝状，由许多上下开口的六棱柱形纸钵连接在一起而成，不用时可折叠成册，每册中纸钵数和每个纸钵的直径因育苗作物的种类而异。日本和西欧一些国家已经采用机械化大规模生产，其规格和型号因育苗用途而异。

（二）育苗盘（箱）育苗

育苗盘多为塑料制品，用聚乙烯树脂加入耐老化剂模压成型，也有用木头制作的。不同规格的育苗盘大小、深浅不同，国内外常用的蔬菜育苗盘规格一般为 60cm×30cm×5cm 或 40cm×30cm×5cm，底部有细孔便于透水透气。使用时，装入基质直接播种，或者在盘中盛放育苗钵，以便于搬运和机械化移植。育苗盘既可用于播种出苗，也可用于育小苗，适于立体育苗（彩图 1-16）。有的育苗盘中间设有纵横格板，每一小格育 1 株苗。

常用硬质塑料育苗箱的规格为50cm×40cm×12cm，可在里面直接育苗，也可作为运苗的工具（彩图1-17）。

（三）育苗筒育苗

按照制作材料分为塑料筒和纸筒。塑料筒由工厂吹塑切制而成，规格多样，也有用旧塑料薄膜自行制作的。纸筒用旧报纸、牛皮纸等粘制而成。育苗筒直径7～8cm，高9cm以上，筒内填装基质后育苗（彩图1-18）。

（四）泡沫小方块育苗

适用于深液流水培或营养液膜栽培。将育苗专用的聚氨酯泡沫小方块平铺于育苗盘中，育苗块大小约4cm见方，高约3cm，在每一小块的中央切一个“×”形缝隙（彩图1-19）。育苗时，将已催芽的种子嵌播于缝隙中，整片聚氨酯泡沫放置于塑料苗盘中，在育苗盘中加入营养液，让种子出苗、生长，待成苗后一块块分离，进行定植。

（五）岩棉育苗

岩棉是一种人造矿物纤维，普通的岩棉和玻璃纤维一样，主要作为绝缘材料使用，如果在制造过程中调整其成分，性质可发生很大改变。农用岩棉是辉绿岩、石灰岩和焦炭按3∶1∶1或4∶1∶1比例，在1 500～2 000℃的高温炉里熔化，然后喷成纤维，再压片，冷却后加上苯酚树脂，减小表面张力，使其能吸持水分，同时固定成型而成。

商品化的岩棉育苗块有下列多种规格：3cm×3cm×3cm、4cm×4cm×4cm、5cm×5cm×5cm、7.5cm×7.5cm×7.5cm和10cm×10cm×5cm等。有一种育大苗的育苗块是由一套大小不同的2～3块岩棉块组成，大块的岩棉块中部有一小方洞，正好可以嵌入小岩棉块，使用时首先在小岩棉块中育苗，等小苗长到一定的时候把小岩棉块放入大岩棉块之中，让小苗继续长大，这种育苗的方法称为“钵中钵”育苗。岩棉块除上下两个面外，四周用乳白色不透明的塑料薄膜包裹，以防止水分蒸发、四周积盐及滋生藻类。

育苗时先用小岩棉块，在面上割一小缝，嵌入已催芽的种子后密集置于可装营养液的箱、盘或槽子中。开始时，先用稀释的营养液浇湿，保持岩棉块湿润；出苗后，在盘、槽底部维持0.5cm厚以下的液层，靠底部毛管作用供水供肥；后期再将小岩棉块移入大育苗块中，然后排在一起，并随着幼苗的长大逐渐拉开育苗块距离，避免幼苗之间相互遮光。移入大育苗块后，营养液层可维持1cm深度，另外一种供液办法是将育苗块底部的营养液层用一条2mm厚的亲水无纺布代替，无纺布垫在育苗块底部1cm左右的地方，并通过滴管向无纺布供液，利用无纺布的毛管作用将营养液传送到岩棉块中。这种方法的效果较浇液法和渗液法好。

利用岩棉块育苗，岩棉块的大小和形状可根据作物种类而定。主要适用于茄果类、瓜类、豆类和叶菜类蔬菜的播种育苗。

（六）穴盘育苗

穴盘育苗是以草炭、蛭石和珍珠岩等轻基质作为育苗基质，以不同规格的塑料穴盘为育苗容器，进行育苗的方式（彩图1-20）。穴盘育苗即工厂化育苗，是蔬菜育苗技术发展到最高层次的一种育苗方式，详细内容放在本章第四节展开讲述。

育苗穴盘是按照一定的规格制成的带有很多小型钵状的塑料盘，分为聚乙烯薄板吸塑而成的穴盘和聚苯乙烯或聚氨酯泡沫塑料模塑而成的穴盘。用于机械化播种的穴盘规格一般是按自动精播生产线的规格要求制作，国际上使用的穴盘外形大小多为54.9cm×27.8cm，小穴深度视孔大小而异，规格有50孔、72孔、128孔、200孔和288孔等，种植户可根据不同蔬菜的育苗特点选用穴盘。瓜类如南瓜、西瓜、冬瓜和甜瓜育苗时多采用50孔的，番茄、茄子和黄瓜多采用72孔或128孔的，辣椒采用128孔或200孔的，油菜、生菜、甘蓝和青花菜育苗应选用200孔或288孔的，芹菜育苗大多选用288孔或392孔。另外，穴盘的规格及制作材料也不尽相同，如在形状上可制作成方锥穴盘、圆锥形穴盘、可分离式穴盘等；在制作材料上有纸格穴盘、聚乙烯穴盘、聚苯乙烯穴盘等。根据育苗的用途和作物种类，可选择不同规格的穴盘，一次成苗或培育小苗供移苗用。使用时，先在孔穴中装满基质，然后进行播种，播种时一穴一粒，成苗时一穴一株。

四、无土育苗技术要点

无土育苗的技术要点：一是设施、装置的选择与建设，二是基质的选择与应用，三是播种，四是营养液的配制、使用与管理，五是秧苗的管理。同时，由于无土育苗的条件好，秧苗生长速度快，因此在播种期的掌握温、光、肥、水的控制等方面应更加严格。

（一）设施与装置的选择与应用

根据经济、技术条件和规模而定，一般情况下可做简易平面床，宽1.2～1.5m，长度10～15m，床深0.1m左右，床底铺上一层农用塑料薄膜，加入基质即可做播种床，也可摆放装入基质的育苗盘或塑料钵，用于播种或移苗。规模大的集约化、工厂化育苗，则在配套温室或大棚中建成规范化的水泥结构也可采用竹批连接的苗床，或EPS（聚苯乙烯）发泡材料加工成的定型育苗床或移苗床，并装备可移动式大型育苗架。

育苗盘等容器与苗床要消毒，清洗干净，并进行备用。

（二）基质的选择与应用

基质是无土育苗的基本材料，用以代替土壤，固定秧苗根系，并为秧苗生长提供营养、水分和气体，营造优越的根系环境。因此，要求所用的基质均应具备良好的物理性能和稳定的化学性质。要选容重0.7～1.0g·cm^{-3}，总孔隙度60%～80%，化学稳定性好，无有毒有害物质，且有一定营养成分，酸碱度适中的轻质材料做基质，不同基质可单独使用，也可混合使用。

（三）播种

苗床或育苗穴盘装好基质后，摇实刮平，充分浇水，将种子播种，出苗期间温度过低时，可启用电热线加温。

（四）营养液的选配与使用

无土育苗秧苗生长所需的养分供应，全赖于浇灌营养液。因此，对营养液配方的选用、配制、使用与管理尤为重要。要根据不同种类的蔬菜幼苗、不同生长阶段对养分的需求特点，科学使用营养液。

蔬菜无土育苗中应用的营养液配方很多，根据多年的应用实践，一般用于蔬菜无土栽培的营养液配方，都可用于无土育苗，但浓度仅是其标准浓度的1/4～1/2，尤其是小苗期使用的浓度更应减少，同时要注意调整pH。

供液要根据天气、温度高低、通风大小和基质干湿等情况，做到勤供少供，防止沤根。育苗过程中，循环使用的营养液养分被秧苗吸收后，营养液部分离子浓度有所变化，应及时调整营养液浓度与pH，随着秧苗生长，营养液浓度可逐渐加大，以利培育壮苗。

（五）秧苗的管理

无土育苗的苗期管理类似一般育苗技术，但水分管理的要求更高，注意的是无土育苗中秧苗生长较快，容易徒长，所以苗期的温度比一般育苗低2～3℃，还要注意通风换气，降低湿度、增加光照以避免病虫害的发生并培育壮苗。

第三节　无性繁殖育苗

一、嫁接育苗

（一）嫁接的意义

1. 可有效防止多种土传病害，克服设施连作障碍　如黄瓜嫁接中经常采用的黑籽南瓜和白籽南瓜对枯萎病（黄瓜的三大病害之一，病原菌镰刀菌在土壤中可存活5～8年）有免疫作用。葫芦对西瓜枯萎病有免疫作用。

2. 能利用砧木强大的根系吸收更多的水分和养分　黑籽南瓜和白籽南瓜根系发达，入土深，吸收范围广，耐肥水，耐旱能力强，可延长采收期并增加产量。

3. 增强植株的抗逆性，起到促进生长，提高产量、改善品质的作用　南瓜根抵抗低温能力强。黄瓜根系在温度10℃时停止生长，而南瓜根系在8℃时还可以生长根毛。南瓜嫁接苗比自根苗素质高，生长旺盛，抗逆性强，前期产量和总产量均比自根苗显著增产，几乎不发生枯萎病，还可提高通气能力，具有耐旱、耐涝和耐瘠薄能力。

注意：云南黑籽南瓜一般11～12月采收，所以冬春茬只能用前一年的种子（当年的新种子发芽率较低，只有40%左右，第二年可达80%，用0.3%的过氧化氢浸泡8h，晾种18h左右，可提高当年种子的发芽率。黑籽南瓜的浸种催芽和黄瓜相同，但是需要晾种，即浸种后的种子在12～14℃室温下，晾种8～18h可不同程度地提高发芽率）。

（二）砧木的选择和应用

砧木的选择在嫁接栽培中尤为重要，不同的蔬菜嫁接时选用的种类和嫁接的目的可能有差异，但还是有几个共同特征，总结如下：

1. 嫁接亲和力和共生亲和力强，表现为嫁接后易成活，成活后长势强　亲和力包括嫁接亲和力和共生亲和力。嫁接亲和力是指砧木和接穗的愈合能力，嫁接后易愈合，成活率高则嫁接亲和力高。共生亲和力是指嫁接成活后的共生能力，嫁接苗发育正常，能正常结果，无生育不良现象即共生亲和力强。有时嫁接亲和力虽高，但共生亲和力不一定强，嫁接苗成活后，生长势弱，叶片卷曲变小，开花结果不良。因此，选择的砧木应与接穗有较高的嫁接亲和力和共生亲和力。一般砧木与接穗亲缘关系越近，亲和力越强。

2. 对接穗的主防病害表现为高抗、免疫或结合实际情况考虑　提高接穗的抗病性是嫁接的主要目的之一，而不同砧木抗病种类、抗病程度有所不同。如茄子砧木中的“赤茄”仅抗枯萎病和黄萎病，而“托鲁巴姆”则同时抗黄萎病、枯萎病、青枯病和根结线虫 4 种土传病害，且对黄萎病的抗性可以达到免疫程度，而“赤茄”仅达到中等抗病程度。瓜类砧木中（南瓜、冬瓜、瓠瓜和丝瓜）以南瓜抗枯萎病能力最强，在南瓜中又以黑籽南瓜抗性最强。

选择砧木时，首先要考虑解决什么病害，其次要考虑地块的发病程度，若是重茬重病地块，应选高抗砧木；发病轻的非重茬地块，则可选一般砧木，发挥其他方面的优势，如耐低温、耐高温、耐湿和耐盐性等。

3. 对接穗果实的品质无不良影响或影响小　西瓜、甜瓜等蔬菜对品质要求较高，应特别注重嫁接后对品质的影响。如以南瓜做西瓜的砧木嫁接后，西瓜果皮增厚、果肉较硬、果肉中产生黄带，风味下降；而瓠瓜砧木、西瓜砧木（以野生抗病西瓜做砧木）不存在以上缺陷。甜瓜栽培特别是保护地栽培，对品质要求较高，应以抗病甜瓜做砧木即甜瓜共砧木，如“网纹最佳”、“绿宝石”和“大井”等都是从抗病甜瓜中筛选出来的保护地甜瓜专用砧木，这些砧木不仅亲和力高，结果稳定，且品质良好。

4. 嫁接后抗逆性增强　蔬菜嫁接常用砧木多为野生种、半野生种或杂交种。砧木的耐低温、耐高温、耐湿和耐盐等特性不同，应根据栽培季节和栽培形式选用相应的砧木。如黄瓜砧木中，黑籽南瓜根系的耐低温性最好，适合越冬栽培时做砧木使用；而左仕系南瓜耐高温，适合作为春夏季栽培的砧木。

（三）嫁接的方法与技术

1. 靠接（黄瓜为例） 接穗比砧木早播 4～5d，砧木和接穗都分别播在苗盘内，株行距为 2cm×3cm，盖土厚为 1～2cm。

嫁接适期为接穗第一片真叶半展开时，即播种后 13～15d；砧木子叶展平，第一片真叶显露时，即播种后 10d 左右。稍带点土挖出黄瓜与南瓜幼苗，首先去掉南瓜的生长点和真叶，再在子叶下 1cm 的位置，用刀片向下斜切一刀，角度为 30°，深为茎粗的 1/2～1/3，刀口长 5～6mm，然后将黄瓜幼苗从子叶下 1.5cm 处向上斜切一刀，角度为 20°左右，深度为 2/3，刀口长 5～6mm，最后将砧木与接穗在切口处吻合，并将黄瓜子叶压在南瓜子叶上面，用专用嫁接夹固定，或用 5～8cm 长的农膜条包好接口，用曲别针固定，立即栽入营养钵内，并及时浇水，栽苗时注意把砧木和接穗苗根茎分开点距离，以便于嫁接缓苗后黄瓜断根。具体做法见示意图 1-9。

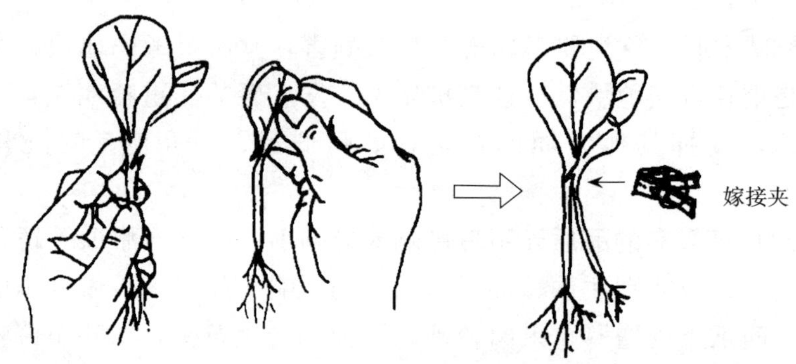

图 1-9 黄瓜和黑籽南瓜靠接示意图

番茄嫁接也可采用靠接法，在秧苗 4 片真叶期进行，在第一片和第二片真叶处切口，方法与黄瓜相同。

2. 插接（黄瓜为例） 接穗比砧木晚播 4～5d，一般把砧木穴播于纸筒或营养钵，把接穗播在装有营养土的苗盘内。

要求接穗苗要小，苗茎比砧木略细些，接穗从苗床挖出备好后，先处理砧木，即先把砧木生长点及真叶去掉，用与接穗苗茎粗细相同的竹签或牙签（竹签尖端长约 10mm，宽 2～3mm 厚以下），从右侧子叶的主叶脉开始，向另一侧子叶方向朝下斜插入 5～7mm 深，注意竹签尖端不可插破茎表皮，竹签暂不拔出，然后选苗茎粗细适当的接穗苗，在子叶下约 1cm 处下刀，向下斜切至茎粗 1/2 以上，刀口长 5mm 左右，紧接着从另一侧向下切第二刀，把接穗切成楔形，最后从砧木苗上拔出竹签，插入接穗即可。此法不用夹子等物固定。所以，最好是把砧木苗置于苗床嫁接。而且，在切削接穗时，最好与子叶成 90°方向的两侧下刀，以使插接后，接穗子叶与砧木子叶排成十字形。这样嫁接苗稳固不摇摆，易于成活。具体做法见图 1-10。

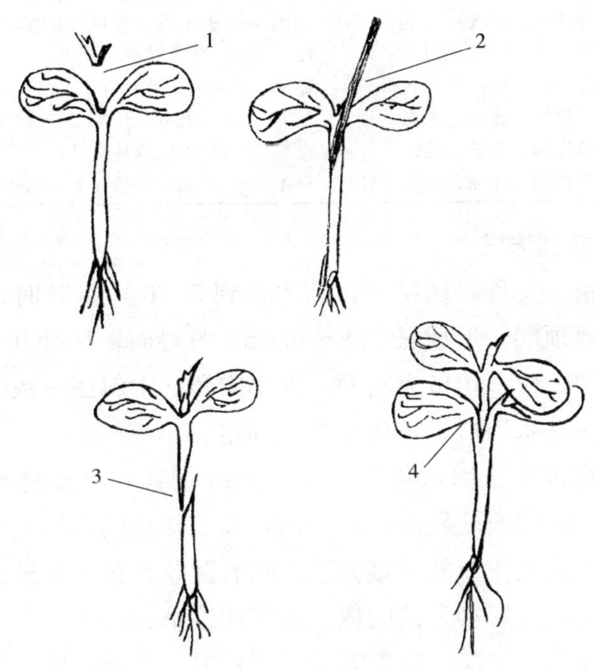

图 1-10　黄瓜和黑籽南瓜插接示意图

3. 劈接　茄子多用，在砧木和接穗苗 3～4 片真叶时进行嫁接。先把砧木苗在第二片真叶处切断，再用刀把茎劈开；接穗苗保留 2 片真叶和生长点，用刀片把茎削成楔形，楔形面长度 1.5～2cm，然后插入砧木切口中，用夹子固定。

番茄和茄子嫁接育苗，砧木和接穗可同期播种，可用苗床或苗盘育小苗，嫁接后栽入营养钵内育成苗。播种期要比自根苗播期提前 10～15d。

几种主要蔬菜的嫁接方法及嫁接时期见表 1-16。

表 1-16 几种主要蔬菜的嫁接方法及嫁接时期

（熊丙全，2008）

蔬菜种类	嫁接方法	砧木种类	嫁接时期
黄瓜	靠接	黑籽南瓜、杂种南瓜	砧木接穗子叶全展至第一片真叶半展
	插接	黑籽南瓜、杂种南瓜	砧木子叶展平、第一片真叶半展，接穗子叶全展、第一片真叶显露
西瓜	插接	葫芦（瓠瓜）、中国南瓜、杂种南瓜	砧木第一片真叶出现至半展，接穗子叶充分展开
	靠接	南瓜、葫芦、共砧	砧木第一片真叶显露，接穗第一片真叶显露至半展
	劈接	葫芦、杂种南瓜	砧木第一片真叶出现至半展，接穗子叶充分展开
番茄	靠接	兴津 101、KNVF、PFN	砧木 3～4 片真叶，接穗 3 片真叶
	插接	兴津 101、KNVF、PFN	砧木 3 叶 1 心，接穗 2 叶 1 心
	劈接	兴津 101、KNVF、PFN	砧木、接穗约 5 片真叶
茄子	劈接	托鲁巴姆、赤茄、黑铁 1 号	砧木 5～6 片真叶，接穗 4～5 片真叶
	靠接	托鲁巴姆、赤茄、黑铁 1 号	砧木、接穗均 2～3 片真叶
	插接	托鲁巴姆、赤茄、黑铁 1 号	砧木 2～3 片真叶，接穗 2 片真叶

4. 其他嫁接新方法

（1）贴接法。又称斜切接法，砧木长到 5～6 片真叶时，留基部 2 片真叶，斜切去掉顶端，形成长 0.5～0.8cm 的斜面，接穗在子叶下 0.8～1cm 处向下斜切一刀，切口为斜面，大小应和砧木斜面一致，然后将接穗沿斜面切口贴在砧木切口上，用嫁接夹固定。

（2）针式嫁接法。用六角形、长 1.5cm 的针，将接穗和砧木连接起来。嫁接针是由陶瓷或硬质塑料制成的，在植株体内不影响植株的生长。

（3）适于机械化作业的嫁接方法。随着蔬菜育苗向规模化、工厂化的商品性育苗发展，对嫁接育苗的成活率和速度都提出了要求。因此，一方面，手工嫁接向简化工序、提高效率发展；另一方面，嫁接效率更高的机械化嫁接方法也逐渐形成。

机械化嫁接过程中，要解决的主要问题是胚轴或茎的切断、砧木生长点的去除和砧、穗的固定方法，目前国外有平斜面对接嫁接法、套管式嫁接法和平面智能机嫁接法等。

（四）嫁接后的管理

嫁接后 8～10d 为嫁接苗的愈合期，是嫁接苗成活的关键时期，应加强保温、保湿和遮光等管理。

嫁接结束后，把嫁接苗放入苗床内，用小拱棚覆盖保湿，温度是最主要的因素，采用小拱棚可保证温度适宜，白天 25～28℃，夜间 17～20℃，并保证苗床内的空气湿度 95%以上，薄膜上有水珠即可。

嫁接后 3d 内，用草苫或遮阳网把苗床遮成花荫。3d 后适量放风，降低空气湿度，并逐渐延长苗床的通风时间，加大通风量，嫁接苗成活后，撤掉小拱棚。

4d 后逐渐见光，并随着嫁接苗的成活生长，逐天延长光照的时间，嫁接苗完全成活后，撤掉遮阳物。

一般嫁接后第 7～10d 进行分苗床管理，把嫁接质量好、接穗苗恢复生长较快的秧苗集中到一起，在培育壮苗的条件下进行管理；把嫁接质量较差、接穗苗恢复生长也较差的秧苗集中到一起，继续在原来的条件下进行管理。

靠接法嫁接苗在嫁接后的第 9～10d 选阴天或晴天傍晚断根，断根后的 3～4d 内要遮阳。还应注意随时抹去砧木苗侧芽及接穗苗茎上的不定根，以利接穗正常生长。注意：如果是 10 月后播种，要防止温度下降，不可浇太多的水，尽量使用喷壶喷雾。

二、试管（组织培养）育苗

（一）试管（组织培养）育苗的概念

组织培养育苗也叫试管育苗，是在人工控制条件下，将植物组织如茎尖、叶或花药等，在试管内的人工培养基上进行离体培养，形成具有根、茎、叶的幼苗后，再经试管外驯化成苗（彩图 1-21）。

这种育苗方法不是用种子繁育秧苗而是利用植物组织的再生能力培养成苗。这种育苗方法对于难得到种子的植物，或能结子而种子量过少的植物以及属于营养体繁殖的植物的快速繁殖来说，是一种很好的方法。

试管育苗法最早应用于育种过程，目前，已广泛应用于蔬菜、果树和花卉等植物的扩繁，如马铃薯、甘薯、生姜和大蒜等脱毒后的快速繁殖。在试管内培养基上形成的幼苗极弱，移到试管外后需要在优良的环境条件下精细管理才能逐渐驯化成健壮的成龄苗。

植物组培育苗技术可以在一定的光照和温度条件下常年工厂化生产，种苗繁殖速度极快，是举世瞩目的生物技术之一，广泛用于扦插难生根的植物。

（二）组培育苗的一般技术

1. 培养基的配制 培养基主要由矿质培养元素、有机物质、生长调节物质和碳源四大类组成。培养基的配方现在也有几十种，但以 MS 培养基应用最为广泛，此外还有 White、Nitsch 和 B5 等培养基。

2. 消毒 配好的培养基、接种用具等使用的器具必须高压灭菌，超净工作台用紫外灯照射消毒 20min 以上后再用酒精消毒。

3. 外植体的准备 外植体可以通过培养无菌苗获得，也可直接取普通植株。要用酒精消毒或漂白粉和氯化汞消毒，然后用无菌蒸馏水冲洗，放在消毒的培养皿中待用。

4. 接种 接种工具要用酒精灯火焰消毒，接种的全过程在超净工作台进行，保证无菌操作。

5. 培养 培养室的温度一般控制在（25±2)℃的恒温条件下，光照强度为2 000～3 000lx，干燥季节还要考虑提高空气湿度。组织培养中培养基的 pH 通常在 5.5～6.5。

6. 移栽 组织培养的幼苗移栽成活，是组织培养育苗成败的关键之一。当试管苗具有 3～5 条根后即可移栽。一般移栽前要先打开瓶盖锻炼秧苗 3～5d，再进行移栽。取苗时，必须洗去苗上的培养基，栽植土多用基质，因为基质的透气性好，移栽成活后再移到土壤中培育成苗。

三、扦插育苗

（一）扦插育苗的概念

利用某些蔬菜的一定部位容易产生不定根的特点，取这些部位，用植物生长调节剂处理，并在适宜的环境条件下培养，促使其发根抽芽，形成新的幼苗的育苗方法。

扦插育苗是一种无性繁殖方法，多用于特殊需要的科研和生产中，如白菜、甘蓝腋芽扦插繁种，番茄侧枝扦插快速成苗等。扦插育苗最突出的优点是能够保持种性（扦插成活后的植株病害轻，后代遗传性状稳定）。

蔬菜扦插育苗可增加蔬菜的繁殖系数，加速育种的过程，并能保持品种的纯度；扦插育苗较播种育苗节省种子，育苗时间短，管理方便，成本低并可进行立体育苗，节省空间，在生产上具有较大的推广价值。其突出优点是能够保持种性、显著缩短育苗期、方法简便和易于掌握等，一般成苗率高达90%。

常用的方法有水扦插法和基质扦插法2种。番茄、茄子和辣椒扦插育苗多用水扦插法，而多数蔬菜可用基质扦插法。但是，扦插育苗在发根期间对条件要求比较严格，一般只适合于小批量生产或特殊需要时进行。

（二）决定扦插育苗成功与否的关键技术

1. 扦插时间 一年四季都可进行，一般在早春和夏末，这个时候自然环境较好，便于成活。

2. 插穗选择 应选择易生根且变异小的部位为繁殖材料，木质化程度低蔬菜，如番茄。

3. 扦插方法 一是叶插法，即剪取植株的叶片或叶柄做插穗，凡是叶片上可以产生不定芽或不定根的种类均可选择。二是枝插法，番茄上应用较多。扦插以前还要结合生长素处理（萘乙酸、吲哚乙酸等）促进发根。

4. 扦插的基质 扦插基质要求通气、保水和排水性好，并且没有病原菌感染。可以用水、床土、炉渣和沙砾等作为扦插基质，蛭石和珍珠岩的比例为1∶1，泥炭和珍珠岩的比例为1∶1，泥炭和沙子的比例为1∶1等做扦插基质较好。不同作物要选用不同的基质。

5. 扦插后的管理 扦插后进行合理的温度、湿度的管理，才能使扦插成功。所以，扦插育苗的技术关键是促进发根。应保持适宜的温度和较高的空气湿度，在发根期间不断供给水分和营养、若光照过强可适当遮阳。发根后同一般育苗管理。

第四节 工厂化育苗

工厂化育苗是以先进的育苗设施和设备装备种苗生产车间，将现代生物技术、施肥灌溉技术和信息管理技术贯穿种苗生产过程，以现代化、企业化的模式组织种苗生产和经营，从而实现种苗的规模化生产。

一、工厂化育苗的生产流程

工厂化育苗的操作（生产流程）主要包括：①准备阶段：播种前种子

处理、基质处理、育苗盘的清洗消毒。当种子和基质达到商品化要求时，种子处理和基质准备步骤可以省去。②播种阶段：基质混拌、装盘、打孔、压穴、播种、覆盖和喷水等流水作业线。③催芽阶段：播种后的苗盘尽快运入催芽室，放入专用催芽架，保持适宜的室内温湿度。④苗期管理阶段：健壮的种苗，必须有发达的根系。只有配合适当的养分、光照和温度等，根系才能迅速建立。所以，苗期的环境因子管理是工厂化育苗成败的关键。

二、工厂化育苗的设施设备

（一）工厂化育苗设施

1. 育苗温室 育苗温室是幼苗绿化、完成主要生长发育和炼苗的主要场所，也是存放时间最长的场所，育苗温室应能保证满足幼苗生长发育所需的温度、湿度和光照等外部环境因素（彩图 1-22）。

现代工厂化育苗温室一般装备有育苗床架、加温、降温、排湿、补光、遮阳、营养液配制、输送以及行走式营养液喷淋器等系统和设备。

2. 播种车间 播种车间是进行播种操作的主要场所，通常也作为成品种苗包装、运输的场所。播种车间一般由播种设备、催芽室和种苗温室控制室等组成，很多育苗工厂将温室的灌溉设备和储水罐也安排在播种车间。播种车间的主要设备是播种流水线，或者用于播种的机械设施（彩图 1-23）。

3. 催芽室 种子播种后进入催芽室，因此催芽室需要提供种子发芽适宜的温度、湿度和氧气条件，有些种子在发芽过程中还需要光照。

催芽室多以密闭性、保温隔热性能良好的材料建造，常用的材料为彩钢板，为方便不同种类、批次的种子催芽，催芽室的设计为小单元的多室配置，每个单元 20m^2 为宜，一般应设置 3 套以上（彩图 1-24）。催芽室中苗盘采用垂直多层码放，因而高度应在 4m 以上。

催芽室包括加湿系统、加温系统和新风回风系统。

固定式催芽室：为保温密封的小室，墙用双层砖砌成，中间留 5cm 左右空隙，内也可填入木屑等做隔热层，以提高保温效果。室内面积以 6～8m^2 为宜，在室内安装 2～3 只 1kW 电热加温设备，如电炉、空气电热加温线和远红外线发散棒等，并与控温仪相连以达到自动控温。总体要求能维持较高温度、且均匀分散，空气湿度达80%～90%。

移动式催芽室：在育苗温室的角落，用木材或钢材做成一个骨架，装上玻璃、塑料薄膜等保温外套，即做成一个简单密闭的小室，室内配备1kW电炉一个，连接上控温仪。与固定式催芽室相比，此类型移动方便，投资小，但保温性能差，夜间耗电大，室内温、湿度不均衡，导致出苗速度不太一致。

4. 控制室　工厂化育苗过程中对温室环境的温度、光照、空气湿度和水分、营养液灌溉实行有效的监控和调节，是保证种苗质量的关键。育苗温室的环境控制由传感器、计算机、配电柜和监测控制软件等组成，对加温、保温、降温排湿、补光和微灌系统实施准确而有效的控制。控制室一般具有育苗环境控制和决策、数据采集处理、图像分析与处理等功能（彩图1-25）。

（二）工厂化育苗配套设备

1. 精量播种系统　此系统包括基质搅拌机、自动上料装填机、压窝装置、精量播种机、覆土设备和喷淋灌溉设备等，精量播种机是该系统的核心部分。流水线各工序间自动进行，基质混拌、装盘、压穴、播种、覆盖和喷水6道工序一次完成。

根据播种器的作业原理，精量播种器主要有两种类型：一种是滚筒式，对种子的形状要求比较严格，种子一般均需丸粒化后方可使用（彩图1-26）；另一种是真空吸附式精量播种机，对种子形状和粒径大小要求不甚严格，种子可以不进行丸粒化。现在，大多应用真空吸附式精量播种机（彩图1-27）。

2. 基质消毒设备　为防止育苗基质中带有致病微生物或线虫等，最好将基质消毒后再用。国外育苗基质的专业生产公司都是将基质消毒后装袋出售，消毒和合成过程由基质生产厂家完成。目前，国内还很少有基质专业生产厂家，使用的基质一般需要因地制宜的选择和自己配制，掺有有机肥或来源不卫生的基质需要消毒。当然，如选用新挖出的草炭或刚烧制的蛭石，可以直接混合使用。

基质消毒根据工作原理不同分为物理消毒和化学消毒。物理消毒包括热风消毒、微波消毒、太阳能消毒和高温蒸汽消毒灯。化学消毒就是将液体或气体消毒剂注入基质并达到一定深度，使之汽化和扩散，达到灭菌消毒的作用（彩图 1-28）。

另外，也有使用基质消毒机的，基质消毒机实际上就是一台小型蒸汽锅炉，国外有出售的产品，国内未见产品，但可以自制。可实现基质重复使用，降低成本。

3. 灌溉和施肥设备 灌溉和施肥系统是种苗生产的核心设备，通常包括水处理设备、灌溉管道、注水及供给系统、灌溉和施肥设备等（彩图 1-29）。灌溉和施肥系统可分为顶部固定式和自走式灌溉系统。

4. 环境控制系统 种苗的培育是植物生产的关键环节，育苗温室环境控制系统包括对光照、温度、湿度、气体和土壤等影响因子的控制。在育苗过程中，计算机可以进行复杂的环境控制以及各种数据的采集与分析处理等工作。种苗温室计算机控制系统通过各项设施的有效运作，给种苗培育创造一个适宜的环境条件，以减小外界环境的不利影响，育苗温室的计算机控制系统是信息技术、计算机技术、生物技术和自动化技术的综合应用。

通过网络信息技术，构建种苗温室计算机远程控制系统，可以满足异地种苗生产的监控和管理需求。控制系统采用现场总线架构，智能节点将检测到的温室环境因子、作物生长状况等参数数字化，并完成相关的控制功能。中央控制室采集需要的数据，通过有线或无线连接到互联网上，使得管理者可在远程控制系统对被控对象实现监测、查询、管理以及利用网络上的丰富资源，实现温室环境的精准控制（彩图 1-30）。

（三）育苗的辅助设备

1. 苗床 固定式苗床：固定式苗床主要由固定床架、苗床框以及承托材料等组成。床架用角铁、方钢等制作，承托材料可采用钢丝网、聚苯泡沫板等。固定式苗床因位置固定，作业时较为方便，但走道面积大，育苗温室利用率相对较低，苗床面积一般只有温室面积的 50％～65％。

移动式苗床：移动式苗床床架固定，育苗框可通过滚动杆的转动而横向移动，或将育苗框做成活动的单个小型框架，在苗床床架上纵向推拉移动。与固定式苗床相比，可大幅提高温室利用率，最高可达 90％以上；但对制作工艺、材料强度等要求高。有些苗床的育苗框和承托材料之间密封，可以以浸灌方式为幼苗供应所需水分和肥料。另外，苗床的高度也可通过床架的螺栓进行调节。

2. 穴盘　工厂化育苗使用的育苗穴盘由塑料材料吸塑或注塑而成。穴盘有多种规格，穴孔的形状有圆形和方形 2 种，穴格数目 18～800 不等，穴格容积 7～70mL 不等，共有 50 多种不同规格的育苗穴盘。

国内厂家生产的大多为圆口盘，一般长 52cm、宽 26cm；美国普遍采用方口育苗盘，一般长 54～55cm、宽 27.5cm 左右，穴孔深度视穴孔大小而异。育苗盘一般可以连续使用 2～3 年。

不同规格的穴盘对种苗生长影响差异很大。有试验证明，种苗的生长主要受穴格容积的影响，而与穴格形状的关系不密切。穴格大，有利种苗生长，而生产成本高；穴格小则不利种苗生长，而生产成本低。

根据育苗种类及所需种苗的大小以及生长速率等因素来选择适当的穴盘，以兼顾生产效能与种苗质量。

3. 种苗转移车　包括穴盘转移车和成苗转移车。穴盘转移车将播种完的穴盘运往催芽室，车的高度及宽度根据穴盘的尺寸、催芽室的空间来定。成苗转移车采用多层结构，根据商品苗的高度确定放置架的高度，以适应种苗的搬运和装卸。

4. 种苗分离机　在种苗生产量非常大，不带穴盘销售的种苗生产企业应配备种苗分离机，它不损伤种苗，保证育苗基质完整，有利于保证种苗质量，提高工作效率。

5. 移苗机　移栽是园艺作物生产过程中的重要环节之一，机械移栽对气候有补偿作用，并对作物有生育提早的综合效益，为了减少移苗的劳动力投入和降低劳动强度，移苗机随着蔬菜、花卉和苗木生产数量的增加应运而生。一些发达国家把移苗机称为移苗机器人，它能辨别苗的好坏，把好苗准确地移栽到预定的位置，而把坏苗放到一边，而且能够保证移栽深浅一致，间距均匀，有利于作物的成活和生长。

我国最早出现的移苗机主要用于移栽棉花和甘薯，20 世纪 50 年代开始研制，80 年代研制成半自动化机械并从国外引进了多种移苗机，但均因育苗技术落后，配套性能差以及机具本身性能不稳定和生产率低等原因，未能得到推广使用（彩图 1-31）。

6. 嫁接机械　嫁接育苗是育苗工厂的重要工艺，为了解决蔬菜的手工嫁接技术效率低、劳动强度大和嫁接苗成活率低等问题，机械嫁接近年来研究和应用较快，国际上现在出现的嫁接机械能完成砧木、接穗的取苗、切苗、接合、固定和排苗等嫁接过程的自动化。但鉴于蔬菜自动嫁接机售价偏高，作业性能的稳定有待于进一步提升，目前仍处于试验示范阶段，尚未产业化开发和规模化应用。

三、工厂化育苗的基质与营养

育苗基质主要起固定、支撑蔬菜幼苗作用，也是蔬菜种子萌发、幼苗生长所需全部水分、矿质养分的“源”，育苗基质溶氧量、微生物多样性与蔬菜种子霉烂、苗期猝倒病和根腐病等病害发生密切相关。因此，育苗基质必须具有足够的孔隙度、养分和适宜的pH范围，为蔬菜幼苗健康发育提供良好的根系生长环境。

蔬菜穴盘育苗，幼苗根系发育空间小，基质含水量、透气性、pH、EC值很容易在短期内发生很大的变化，基质配制不好常常导致烂种、出苗率降低、幼苗营养缺乏、烂根和徒长等。许多蔬菜穴盘苗生产者因不十分了解基质特性和配制技术而成批损失种苗。下面从育苗基质的质量要求、常用基质组分和优选基质配方等方面叙述蔬菜穴盘育苗基质的科学配制及注意事项。

（一）育苗基质的质量要求

通常从物理特性、化学特性、生物学特性表现评判蔬菜育苗基质的质量。

1. 物理特性 基质的物理特性包括粒径、容重、孔隙度、持水力和阳离子交换量等。基质中水分和空气是在孔隙间反向移动的，水分因重力渗出或向空气中蒸发产生孔隙，空气进入，所以水分过多，易造成缺氧；水分过少，会造成幼苗干旱胁迫。幼苗对矿质养分的吸收依存于水分，干旱缺水条件下幼苗无法获得足够的矿质养分。基质中0.1mm以上的孔隙，其中的水分在重力作用下很快流失，主要容纳空气，称为通气孔隙，也称大孔隙；0.001～0.100mm的孔隙，主要贮存水分，称为持水孔隙，也称小孔隙，两者的比例即气水比决定了持水力的大小。粒径大小、容重等都会影响基质的孔隙大小和分布。阳离子交换量（CEC）表示基质对养分的保持能力。具体要求见表1-17。

表 1-17　蔬菜穴盘育苗基质物理性状推荐标准

项　　目	推荐范围
容重（$g \cdot cm^{-3}$）	0.2～0.7
粒径大小（mm）	1～6
总孔隙度（%）	＞54
气水比	1∶4～1∶2
含水量（%）	≤35.0
持水力（%）	100～120
阳离子交换量（$c\ mol \cdot kg^{-1}$）（以 NH_4^+ 计）	＞15.0

2. 化学特性　基质的化学特性包括有机质含量、pH、电导率（EC值）、矿质养分含量，其中 pH、EC 最为关键。基质 pH 决定矿质养分的有效性和微生物多样性。低 pH 增加了铁、锰、铝的可溶性，这些元素与磷反应，会降低磷的有效性。低 pH 还容易使钙、镁、硫、钼的有效性降低；反之，提高 pH，有可能造成多种微量元素的潜在缺乏。EC 值反映基质可溶性盐的含量，EC 值过高，降低基质水势，造成幼苗根系吸水困难，根尖变褐，根毛发生少；EC 值过低，极可能说明基质养分缺乏，叶色变黄，胚轴和茎细弱。

3. 生物学稳定性　基质的生物学稳定性主要指基质是否容易发生发酵和分解等，主要受微生物和作物根系活动的影响，直接表现出基质理化性质的改变。作为有机基质应符合下列标准：不易分解，施入土壤后不产生氮的生物固定，已降解除去酚类有害物质，消灭掉病原菌、虫卵和杂草种子；具有适宜的理化性质。

（二）常用育苗基质组分

为了达到上述育苗基质的理化和生物学性状，单靠一种材料很难实现，因此，育苗基质多由几种组分混配而成。育苗基质组分大体可分为三类：有机组分、无机组分和微生物组分。

有机组分包括草炭、椰子壳纤维、糠醛渣、甘蔗渣、沼渣、污泥、食用菌栽培废料、花生壳、蚯蚓粪、膨化鸡粪、牛粪、秸秆、松鳞、木屑、苜蓿粉、豆粉，甚至养蜂副产品蜂巢等。它们可以提供根际微生物足够的有机碳源，并通过纤维素、半纤维素和木质素的交联性，保持基质适当的孔隙度和根系成坨性。

有机组分必须经过粉碎和生物发酵，形成适宜的粒径，杀灭病原菌，降低碳氮比（C/N）。有机肥可溶性盐含量高且物理、化学性质在育苗期间会发生变化（如氮的矿化），使养分管理复杂化。

一般情况下，有机组分占总基质的体积百分比为50%～70%。松树皮粉和硬木屑含有损害幼苗发育的毒素且亲水性较差，应粉碎至粒径小于5mm，并通过好氧堆肥降低毒素含量，混配时也要先于其他组分淋湿。硬木屑与草炭混合堆肥时，硬木屑的体积比占40%左右为宜。

无机组分包括蛭石、珍珠岩、岩棉、河沙和多种化学肥料。蛭石、珍珠岩等主要是为了调节基质的孔隙度和持水力。多数穴盘育苗者采用颗粒较小的3♯蛭石，而珍珠岩则最好过筛，去除粉末。蛭石趋碱性，珍珠岩趋中性。石灰是国外基质混配常用的组分，主要是为了中和草炭的酸性，同时可以补充大量的钙、镁元素。

复合基质常由几种单一基质按不同比例混合而成，既可无机组分与有机组分混合，也可无机组分与有机组分混合或有机组分与有机组分混合。由于复合基质由结构、性质不同的单一基质混合而成，因此可以扬长避短，克服各自的缺点，在水、气、肥协调方面优于单一基质。配制复合基质用2～3种即可，通过合理组配达到良好的效果。要求容重适宜，增加孔隙度，提高水分和空气含量。这样的基质不仅可以降低育苗成本，还有利于提高栽培效果。

（三）育苗基质配方示例

育苗基质混配或配方的选择至少要遵循两个基本原则，即适用性原则和经济性原则。

适用性是指基质必须适合幼苗根系健康发育的需要，为此，要考虑到蔬菜种类和育苗季节的需要。夏季育苗，环境温度高，基质水分蒸发速度快，混配时应提高基质的持水力，降低肥料用量，防止出现因含水量降低、EC值升高引起的意外烧苗；反之，冬季育苗，环境温度低，通风时间短，基质水分蒸发速度慢，混配时应提高基质的孔隙度，防止基质长时间高湿引发烂种和苗期病害。

经济性是指育苗基质购买费用，也是商品苗生产成本的重要组成。每株苗基质费用0.05元左右，在美国基质成本大约占育苗总成本的9.3%。在选择育苗基质调制技术及注意事项组分时，可以考虑当地资源特点，选择价廉实用的材料。如东北可选用草炭，海南可选用椰子壳纤维，广西可选用甘蔗渣，河南可选用秸秆，宁夏可选用牛羊粪等。

四、秧苗质量控制关键技术

（一）穴盘的选择

穴盘是工厂化穴盘育苗的重要载体。按材质不同分为聚乙烯注塑穴盘、聚丙烯薄板吸塑穴盘及发泡聚苯乙烯穴盘。由于轻便、节省面积，塑料穴盘的应用更为广泛。塑料穴盘的尺寸多为54cm×28cm，一个穴盘可有20个、50个、72个、128个、200个、288个、400个、512个育苗孔。一般瓜类如南瓜、西瓜、冬瓜和甜瓜多采用50穴，黄瓜多采用72穴或128穴，茄科蔬菜如番茄、辣椒多采用128穴和200穴，叶菜类蔬菜如花椰菜、甘蓝、莴苣和芹菜可采用200穴或288穴。穴盘孔数多时，虽然育苗效率提高，但每孔空间小，基质也少，对肥水的保持性差，同时植株见光面积小，要求的育苗水平更高。

（二）基质的选择和配比

适合穴盘根系生长的栽培基质应具备以下特点：①保肥能力强，能供应根系发育所需养分并避免养分流失；②保水能力好，避免根系水分快速蒸发干燥；③透气性佳，使根部呼出的二氧化碳容易与大气中的氧气交换，减少根部缺氧情况发生；④不易分解，利于根系穿透，能支撑植物。过于疏松的基质，植株容易倒伏，基质及养分容易分解流失。

根据这些特点，穴盘育苗主要采用轻型基质，如草炭、蛭石和珍珠岩等。3种物质的适当配比可以达到最佳的育苗效果。也可以根据不同地区的特点调整配比，如南方高湿多雨地区可适当增加珍珠岩的含量，西北干燥地区可以适当增加蛭石的含量，达到因地制宜的效果。一般草炭、蛭石、珍珠岩的比例为3∶1∶1。除此之外，还可以选择其他可以替代草炭的基质，如棉籽壳、锯木屑等。

现在也出现一些商品化的育苗基质，如加拿大的发发得（Fafard）育苗专用草炭，不仅持水性好，透气性也特别优秀。另外，常用的进口草炭还有美国的阳光（Sungro）、伯爵（Berger），德国的克拉斯姆（Klasma）等。进口草炭与国产的东北草炭相比较，进口草炭一般都经过较好的消毒，不易发生苗期病害；而且，进口草炭的pH与EC值均已经过调节，可直接应用于生产，使用非常方便；更重要的是，进口的育苗专用草炭经过特殊的处理，添加了吸水剂，并加入了缓释的启动肥料，因此育苗效果极好，出苗率和种苗叶片大小、颜色均比国产草炭有着明显的优势。但进口育苗专用草炭的价格是国产的数倍之多，一般的生产者难以承受，只是作为高档作物育苗或出口种苗生产时使用。

目前，我国也已经开发出对应的专用育苗基质，并在生产中取得了很好的效果，如沈阳农业大学开发的系列蔬菜育苗专用基质。

（三）对水质的要求

水质是影响穴盘苗质量的重要因素之一，由于穴格基质少，对水质与供给量要求极高。水质不良对作物将造成伤害，轻则减缓生长降低品质，严重时导致植株死亡。

（四）播种和催芽

穴盘苗生产对种子的质量要求较高。出苗率低，造成穴盘空格增加，形成浪费；出苗不整齐则使穴盘苗质量下降，难以形成好的商品。因此，蔬菜穴盘育苗通常需要对种子进行预处理。国外一些种苗公司如日本的SAKATA、TAKII和荷兰的一些公司，种子质量高，很多品种的出苗率可达98%以上，且已经过包衣，可以不必经过种子处理直接播种，效果也很好。未经包衣处理或发芽率低于90%的种子应采用先浸种催芽再播种的方法，也可形成整齐的种苗，发挥穴盘育苗的优势。种子处理的方法包括精选、温汤浸种、药剂浸（拌）种、搓洗、催芽和引发等。

（五）苗床管理

工厂化穴盘育苗的水肥管理是育苗的重要环节，贯穿于整个育苗过程，是培育优质种苗的关键。在大规模育苗下，穴盘苗因穴格小，每株幼苗生长空间有限，穴盘中央的幼苗容易互相遮蔽光线，并且中央的湿度高，因而造成徒长，而穴盘边缘的幼苗通风较好而容易失水，边际效应非常明显，尤其是在我国东西部等干燥地区。因此，为了维持正常生长同时防止幼苗徒长，水量的平衡需要精密控制。

穴盘苗发育阶段可划分为4个时期：第一时期：种子萌芽期；第二时期：子叶及茎伸长期；第三时期：真叶生长期；第四时期：炼苗期。每个生长发育时期对水量需求不一，第一时期为了发芽，对水分及氧气需求量较高，相对湿度维持在95%～100%，供水以喷雾粒径15～80μm为佳；第二时期水分供给稍减，相对湿度应降到80%，使基质通气量增加，以利根部在通气较佳的基质中生长；第三时期供水应随幼苗成长而增加；第四时期则限制给水以健壮植株。除此 4 个时期水分管理遵循以上原则外，在实际育苗中水分供应还应该注意以下几点：①阴雨天日照不足时或空气湿度高时不宜浇水；②浇水以正午前为主，15：00 后绝不可灌水，以免夜间潮湿幼苗徒长；③穴盘边缘苗易失水，必要时进行人工补水。

工厂化穴盘育苗，由于容器空间有限，需要及时补充养分。目前，有许多市售的水溶性复合化学肥料，具有各种配方，皆可溶于灌溉水中进行施肥，十分方便。在穴盘育苗上经常选用氮、磷、钾含量比值 20-20-20、20-10-20、14-0-14、15-0-15、25-5-20 和 15-10-30 等配方的完全复合肥料，依不同作物、不同苗龄交替施用，若以营养液方式高频度施用，其浓度在 25～350mg/kg。子叶期可用氮、磷、钾含量为 20-5-20 或 20-20-20 的复合肥料 50mg/kg；真叶期用量可增加为 125～350mg/kg；成苗期目的在于健壮幼苗，所以应减少施肥，但可增施硝酸钙。

施肥管理应以育苗基质处于适当的离子含量与电导度为原则。但一般栽培时易施肥过量，所以应定期测定 EC 值，EC 值高表示基质中营养元素浓度高，幼苗易产生盐害凋萎，或抑制幼苗正常生长。因此，必须用清水大量淋洗基质，把多余盐分洗出。另外，很多商品基质已添加肥料，使用前应先了解成分。

（六）穴盘苗的矮化技术

穴盘苗地上部及地下部受生长空间限制，往往造成生长形态徒长细弱，这是穴盘苗生产品质上最大的缺点，也是无法全面取代传统育苗的主要原因，故如何生产矮壮的穴盘苗是专业育苗生产者和科学家一直探索的问题。一般可利用控制光照度、温度和水分等方式来矮化秧苗；也可使用生长调节剂控制植株高度。

常用的生长调节剂有比久（B9）、嘧啶醇（A-Rest）、矮壮素（CCC）、多效唑（PP333、MET）、烯效唑（S-3307）。另外，农药粉锈宁的矮化效果也很好，但不宜应用于瓜类，否则易产生药害。比久的化学成分容易在土壤中分解，因此通常使用叶面喷施，在植株体内具有移动性，可到达植株的各个部位，使用浓度为1 000～1 300mg/kg；嘧啶醇比比久和矮壮素的效果更加明显，适用于各种穴盘苗，但价格较高，限制了在生产上的广泛使用，既可浇灌也可喷施，使用浓度为 50～150mg/kg；矮壮素的使用浓度是100～300mg/L；多效唑的使用浓度一般是5～15mg/kg，烯效唑的使用浓度是多效唑的一半。喷施时间根据育苗的苗龄长短，喷施次数需依据喷施后的抑制效果，实践证明，矮壮素在采用100mg/L和200mg/L浓度，连续两次喷施3叶期的番茄幼苗后，前期防止植株徒长效果显著，后期很快恢复，对产量等一些指标无不良作用。

（七）穴盘苗的炼苗

穴盘苗由播种至长成幼苗的过程中水分或养分几乎是充分供应，且一般在保护设施内，幼苗生长环境条件良好。当穴盘苗达出圃标准，经包装贮运定植至无设施保护的田间，各种生长逆境如干旱、高温、低温和贮运过程的黑暗弱光等，往往会造成种苗品质降低、定植成活率差，使农户对穴盘苗的接受力大打折扣。为了使穴盘苗在移植或定植后迅速生长，穴盘种苗的炼苗就显得非常重要。

穴盘苗在供水充裕的条件下生长，地上部发达，有较大的叶面积。但在移植后，田间日光直晒及风的吹袭下叶片水分蒸散速率快，容易发生缺水情况，使幼苗叶片脱落以减少水分损失，并伴随光合作用减少而影响幼苗恢复生长能力。若出圃定植前进行适当控水，则植物叶片角质层增厚或脂质累积，可以反射太阳辐射，减少叶片温度上升，减少叶片水分蒸散，以增强对缺水的适应力。

夏季高温季节，采用荫棚育苗或在有水帘风机降温的设施内育苗，使种苗的生长处于相对优越的环境条件下，这样一旦定植于露地，则难以适应田间的酷热和强光。出圃前应增加光照，尽量创造与田间比较一致的环境，使其适应，可以减少损失或缩短缓苗过程的长度。

冬季温室育苗，温室内环境条件比较适宜蔬菜的生长，种苗从外观上看质量非常优良，但定植后难以适应外界的严寒，容易出现冻害和冷害，成活率大大降低。因此，在出圃前必须炼苗，将种苗置于较低的温度环境下3～5d，可以起到炼苗的理想效果。

五、蔬菜种苗商品化

蔬菜育苗业的产生与发展是蔬菜商品性生产发展的必然趋势，蔬菜秧苗成为商品也是必然的产物。因此，蔬菜秧苗的商品性生产也就成为现代蔬菜产业体系中不可缺少的重要组成部分。

实行工厂化育苗，实现种苗商品化，是传统农业走向现代农业的一个标志。

（一）我国蔬菜种苗商品生产发展

我国蔬菜种苗商品生产分为商品苗生产的意识阶段、初级阶段和高级阶段。商品苗生产的意识阶段是指随着蔬菜生产规模的扩大，部分人意识到蔬菜种苗的重要性和必要性以及经济效益的可观性，尤其是种菜能手、育苗专业户的出现更是这一阶段的标志（杨顺江，2004）。商品苗生产的初级阶段指的是初步形成较大规模的生产基地，种苗生产存在季节性、产品销售的范围较小。商品苗生产的高级阶段指的是蔬菜种苗能保证各个季节稳定生产，形成了独立的现代企业。

随着蔬菜种植面积越来越大，各地相继建立了不同层次的育苗基地或中心，并且，季节性的育苗专业户也不断增多，这表明我国蔬菜育苗业已进入商品苗生产的初级阶段，种苗企业的经营管理、营销技术、种苗商品化营销体制、体系的建立等尚处于初步探索中，农民自留、自育、自用等传统观念仍然较强等多方面的原因，使我国种苗的商品化率仍然极低。

实现种苗供应的商品化，避免和消除传统育苗中的不足和缺陷，提高育苗和农业生产的技术含量、经济效益，优化资源配置，必将给农业生产带来革命性的变化，也必将取得良好的经济效益和社会效益，工厂化育苗技术和种苗商品化的前景非常广阔和美好。

（二）蔬菜育苗企业的管理

我国蔬菜种苗业处于商品苗生产的初级阶段，但只是还没有形成庞大的、正规化的真正企业性质的产业。

作为一个产业，即使在发展初期，也必须实行企业化管理。正规的现代化蔬菜育苗公司应该建立科研、生产、供销的三元一体管理机制。

科技部主要任务是制定与改进育苗技术，规范并监督实施；引进、研究并开发新品种、新技术，只有品种不断更新和技术上不断进步，才能增强市场的竞争力。

生产部的任务是按确定的品种、技术规范及育苗程序或工艺流程组织生产，按计划时间保质保量的完成生产秧苗的任务。

供销部的主要任务是负责产前的育苗物质的准备及产后秧苗的销售。在物质准备方面，除一般物质外，最主要的是保证育苗用种的品种质量及发芽质量和基质原料的质量，秧苗销售方面应着重产品宣传、签订合同、按期供货和追踪调查等工作。

蔬菜育苗企业的管理特点：

1. 育苗的时间性 由于蔬菜产品器官柔嫩，以生命活体形式存在，而且还有苗龄长短的限制，部分蔬菜苗龄的要求更严格，并且蔬菜秧苗难于运输与保存。所以，蔬菜育苗具有一定的时间局限性。

2. 育苗条件的制约性 与一般的工业产品不同，形成速度及质量不仅决定于原料及操作技术，更主要受育苗环境的影响，并主要受到温度、湿度和光照等条件的限制，生产中不可能拔苗助长，也不能通过加班加点的生产方式解决因苗龄不足造成的小苗或因环境问题造成的弱苗。

3. 品种的区域性 绝大多数蔬菜品种因对环境的适应性受到地域性的限制，并没有哪个品种在全国各地都适宜种植。所以，蔬菜品种有明显的区域性限制，如即使在山西省内，晋南、晋中和晋北 3 个片区对品种的要求也不尽相同。因此从大的范围来说，对品种的要求千差万别，品种就存在了明显的地域性。

4. 按质论价 我国蔬菜秧苗进行了分级，蔬菜品种不同，育苗期间管理不同，秧苗质量千差万别，优劣苗有很大的价格差异。所以，市场上出现番茄苗 1 株 1 元的情况或者价格更高。

（三）种苗的包装和运输

种苗的包装包括包装材料的选择、包装设计和装潢、包装技术标准等。包装材料可以根据运输要求选择硬质塑料或瓦楞纸板等，包装设计应根据苗的大小、育苗盘规格、运输距离的长短、运输条件等确定包装规格尺寸、包装装潢和包装技术等。

种苗的运输涉及种苗专用运输设备的配制，如封闭式运输车辆、种苗搬运车辆和运输防护架等；运输距离的长短、运输条件等直接影响到运输方式的确定、运输成本的核算和运输标准的建立等。

在进行运输时，应把种苗包装在特定的容器内，这样不仅装卸方便，而且能保证在运输过程中，种苗处于适宜的环境中，减少运输对种苗的危害和损失。

传统包装方法是：运输前将苗起出，排放整齐，每 50～100 株扎为一捆，根部不带土壤或带一层薄泥后用塑料薄膜包严，放入箱中进行运输，少量苗则直接带土坨运输。

穴盘无土苗为不使根部基质松散、脱落而影响苗的正常生长，有利取苗和机械化移栽，一般将苗连同育苗盘一起放入专用纸箱或塑料箱中进行运输。运输箱一般高20～25cm，有一定强度，便于运输时叠放，一般一盘一箱为宜。

种苗的运输一般采用汽车，也有少量用火车或飞机。美国由于公路运输高度发达，高速公路遍布全国，从南部到北部只需一昼夜时间，因此种苗的运输基本全部采用汽车运输。我国由于交通条件的限制，蔬菜和花卉种苗的长途运输较为少见。用于种苗运输的汽车，一般要求能够密封，有控温设备，以保证冬季运输种苗不会受冻，高温季节运输不会因通风降温效果不好而使种苗黄化。

（四）秧苗贮运质量保持技术

1. 防止秧苗受冻　在我国北方地区冬季异地育苗、远途运输的首要问题就是必须防止秧苗受冻或寒害。根据试验，番茄秧苗较长时间处于5℃条件下，即会受到寒害。主要预防措施有：

（1）秧苗锻炼。在秧苗运输前3～5d逐渐降温锻炼。例如，果菜类一直可以将温度降到10℃左右，夜间最低可以降到7～8℃，并适当控制灌水量。秧苗通过降温、控水进行锻炼，生长速度缓慢，光合产物积累量增加，茎叶组织的纤维增加，含糖量也明显提高，且降低了叶片的含水量，表皮增厚，气孔阻力加大。这些形态、生理变化说明秧苗的抗逆性增强，有利于抵抗贮运中低温的伤害。但是，锻炼不可过度，更不宜控水过分，以免降低秧苗的培育质量。另外，在育苗前就应将锻炼的时间计划在内，保证秧苗有足够的苗龄。

（2）喷施植物低温保护剂。在运输前用1%低温保护剂喷施2～3次，可获得耐低温的良好效果。

（3）选用较好的装箱方法。在冬季贮运秧苗，不要采用穴盘包装方法，否则秧苗容易受冻。应采用裸根包装（将秧苗从穴盘中取出，一层层平放在箱内）。包装箱四周衬上塑料薄膜或其他保温材料，防止寒风侵入伤害秧苗。

（4）做好覆盖保温。装箱后在顶部和四周用棉被覆盖严实保温，并用绳子固定，防止大风吹开。

2. 防止秧苗"伤热" 在夏季高温季节运输秧苗，应采取措施防止秧苗"伤热"而受到伤害。

（1）避免高温装箱。贮运前秧苗处于活力旺盛的生长阶段，在正常生长条件下，光合强度大，呼吸作用旺盛，一旦离开正常的生长环境（适宜的光、水、肥），光合作用受到阻断，但呼吸作用仍在进行，温度每升高10℃，秧苗体内的一切化学反应速度均提高1～2倍。以呼吸作用为例，Q10（温度系数）＝2～3。因此，为了减少秧苗的呼吸消耗，不仅要控制贮运期间的适宜温度，同时必须注意装箱时的秧苗温度，尽量避免高温时装箱，防止"田间热"带入箱内，加大秧苗的呼吸量而降低秧苗质量。

（2）喷施秧苗保鲜剂。各种秧苗质量保鲜剂（如0.04%的富里酸复配保鲜剂）具有防病、降低水分蒸散和提高植物免疫等功能，在秧苗贮运前1d按规定浓度喷施可以获得比较明显的保鲜效果，显著提高秧苗的质量保持率。

（3）增加秧苗包装箱内的湿度。秧苗贮运阶段已经失去水分的供给，维持较高的空气湿度可以降低秧苗水分的蒸散强度，从而起到保鲜的效果。但是，湿度过高，特别是高温高湿有利于微生物活动，导致病害的发生与秧苗的腐烂。因此，在贮运时温度适宜或在适宜温度范围内偏低，可以通过装箱前浇水或喷水以增加贮运期间的箱内小环境的空气湿度；如果大环境气温高而贮运工具又无法控温，可以采用根部微环境的保水处理措施（如在根系水分较好时用保湿材料包裹根系等），以保持秧苗不萎蔫。

（4）提倡夜间运输。在夏季运输秧苗，尽可能在夜间行车。因为在炎热的夏季，昼夜最大温差可达15～20℃；另外，夜间运苗，一般路程翌日上午即可到达，可以争取时间及时定植，快速成活。

3. 防止秧苗"风干" 运输途中的"风干"是秧苗运输中的一大灾害。一方面，运输过程中风力很大，风通过改变界面层的厚度来影响蒸腾，风速增大时，界面层变薄甚至消失，阻力减小，蒸腾加快；另一方面，在贮运中，由于风大，秧苗水分的蒸散量增大，即使在强风时气孔关闭，秧苗失水也很快。因此，必须采取有效措施保水，防止秧苗很快失水萎蔫。

（1）保水剂的应用。保水剂又称高吸水剂、保湿剂和超强吸水树脂，是一种有机高分子聚合物。它能够吸收比自身重数百倍甚至上千倍的水，可缓慢释放供给作物利用，保水剂的应用在无土穴盘育苗中有较明显的效果。如将名叫“科翰”的保水剂按基质质量的0.4%施入，由于对水分的调控作用，对番茄秧苗的生理活性产生明显的影响。从保水剂处理对气孔状况、光合色素以及根系活力等生理指标的作用效果来看，用这种方法培育秧苗能在贮运中发挥很好的作用。

(2) 育苗期喷施植物生长调节剂。夏季高温季节育苗，除非有很好的降温设备，否则秧苗极易徒长。徒长的秧苗含水量大，叶片机械组织与保护层均不发达，容易失水萎蔫。应该根据育苗的要求，适当喷施矮壮素或多效唑等生长调节剂，促使秧苗矮壮，减少贮运中秧苗水分损失。

(3) 抗蒸腾剂的应用。典型的抗蒸腾剂如黄腐殖酸可提高作物的抗旱能力，在缩小叶片气孔开张度、减少水分蒸腾方面有明显的作用。喷施黄腐殖酸可以起到秧苗保水、抗旱的作用，从而提高秧苗贮运质量保持率。特别在夏季育苗与秧苗贮运，黄腐殖酸的作用更为明显。

(4) 给水与防风。夏季育苗时，在贮运秧苗前应注意充分给水。为了起到防风、防旱的目的，必须采用车厢整体覆盖的方法，尽量减少车厢内的空气流动。在这种情况下，应该将每个包装箱留有一定的通气孔，箱与箱之间留有一定的空隙，防止秧苗呼吸热对秧苗自身造成伤害。

第二章　不同生长季蔬菜育苗技术

非生长季节的蔬菜育苗即为冬春季保护地蔬菜育苗。非生长季节的蔬菜育苗主要用于露地早熟栽培和冬春季保护地栽培。需要一定的保护地育苗设施和成套的育苗设备，育苗方法较多（熟土育苗、营养液育苗及综合法育苗），育苗技术也比生长季节露地育苗复杂，难度也较大（丁晓蕾，2009）。因此，以下分别介绍非生长季节与生长季节蔬菜育苗技术。

第一节　反季节蔬菜育苗技术

一、育苗时期和育苗程序的确定

（一）育苗时期的确定

育苗时期的早晚取决于蔬菜种类、栽培方式、育苗设施的性能、育苗方法和要求达到的苗龄等诸多因素。耐寒的蔬菜，如甘蓝等应当早育苗；而喜温果菜类，如黄瓜、番茄等可以晚育苗。同样都是喜温果菜，瓜类和番茄适于定植的苗龄比茄子、辣椒短，同一种栽培方式（露地或保护地）应当比茄子、辣椒晚育苗。同一种蔬菜用于日光温室栽培比用于拱棚栽培的要早育苗，用于拱棚栽培的比用于露地早熟栽培的早育苗。育苗的保护地设施和栽培的保护地性能都好，可以早育苗早定植，否则，应当晚育苗晚定植。“快速育苗”成苗快，同一种蔬菜要比常规育苗晚育苗，等等。在制订育苗计划时，必须综合考虑育苗蔬菜种类、适宜苗龄、栽培方式、育苗设施性能及育苗方法等影响因素，合理确定育苗期，方能达到早熟、高产、优质和高效栽培目的，否则，可能导致栽培效果不好，甚至失败。因此，在确定育苗期时，应当减少盲目性。

（二）育苗程序的确定

育苗程序是指育苗过程中几个大的步骤。这些步骤可以按育苗环节和利用的设备相结合来划分（葛晓光等，1990）。育苗设施上应有所改进，以提高秧苗质量。育苗程序的选用应因地因栽培要求制宜，还可以创造一些更新更好的程序，但必须以保证秧苗质量，降低育苗成本为目的。

二、育苗设施的配套及利用

选择了某一种育苗程序之后，还应考虑到各级程序所用的设施、设备在面积上有合理的比例，这就是设施的配套。各级育苗程序所用设施的比例是由各级苗床面积比例确定的，各级苗床面积是由各级秧苗的株行距确定的，而各级苗床的总面积又由定植面积来确定。

计算育苗设施配套比例，应先确定籽苗期、小苗期和成苗期各级程序秧苗的株行距，再按这 3 项标准算出各级育苗程序所用设施的比例，进一步可以算出一亩定植地和总定植面积所需各级苗床的面积，再加 20%左右的非育苗面积（畦埂、通道等），就是各级育苗程序所需育苗设施的总面积。

一般籽苗期株行距 1～3cm，主要依蔬菜种类而异。白菜类、茄果类播种较密，瓜类较稀，特别是南瓜、西瓜宜稀。小苗期株行距 3～5cm，成苗期株行距 8～15cm，均依蔬菜种类，甚至栽培类型（露地、保护地）及设施条件而不同。基本上可以按这些株行距标准计算各级苗床比例。

如计划栽培 10 亩番茄，每亩需4 000秧苗（含补苗的备用苗），共需40 000株番茄苗。成苗期秧苗的株行距按 10cm×10cm 计算，育成苗的苗床面积为40 000×0.1×0.1＝400m²。小苗期株行距为 3cm×3cm，小苗到成苗的成苗率按 98%计算，需苗床面积为40 000×0.03×0.03÷98%＝36.7m²。籽苗期株行距为 1.2cm×1.2cm，籽苗到小苗的成苗率按 95%计算，需苗床面积为40 000×0.012×0.012÷98%÷95%＝6.2m²。

三、育苗前种子和床土的准备

（一）育苗前种子的准备

育苗前种子的准备主要是指播种前对育苗用的种子的一系列检验和播前处理。

1. 品种品质的检验

（1）检验品种的真实性，是用纯度来表示。特别是对从外部购进的种子必须进行纯度检验，以免受骗上当。品种的品质检验有田间检验和室内检验两种方法，虽田间检验（田间播种）法准确性高，但时间较长，有时要在产品器官形成后才能确定品种的纯度，育苗前通常还是以室内检验比较实用。

室内检验以形态鉴定为主，主要根据种子形状、大小、色泽、花纹及种皮的其他特征，通过肉眼和放大镜进行观察。形态鉴定可以区别不同蔬菜种类，少数可鉴别到变种，个别的像豆类蔬菜可以鉴定到品种。葱蒜类和十字花科不同种蔬菜的种子是不太容易鉴定的，现将主要种类种子的主要特征列于表 2-1 和表 2-2 中。

表 2-1　韭菜、洋葱和葱种子特征比较

名称	形　　状	色泽	种皮表面特征	脐部特征	种子大小
韭菜	盾形、背面略凸、腹面微凹	亮灰黑色	背腹面均有很多细纹	脐部近平至微凹	大
葱	三角锥形、较洋葱种子稍长	黑色	背面棱角较洋葱少且较整齐	脐部近凹陷浅、上下唇开张角小	中
洋葱	三角锥形，较葱种子稍短	黑色	背面棱角较葱种子多，且不整齐	脐部凹陷深、上下唇开张角大	小

表 2-2　十字花科芸薹属种子特征比较

名称	形　　状	色　　泽	种皮表面特征	种子大小
大白菜	近圆球形	黄褐色，有光泽	球面单沟	小
油菜	圆球形	红褐色		小
甘蓝	近球形，略带方	黄褐色	球面双沟，一般种皮具蜡粉	小

（2）饱满度，种子饱满度一般用千粒重即1 000粒种子的重量（克）衡量。千粒重越大，说明种子越饱满充实，种子质量就越高。因此，必须严格剔除瘪小、不饱满及变色的种子。几种主要蔬菜种子的千粒重：番茄2.7～3.3g，辣椒 6～7g，茄子 4～5g，黄瓜 22～42g。

（3）发芽率，种子发芽率是指样品种子中发芽种子的百分数。测定种子发芽率的简便方法是在培养皿中摊放 3～4 张清洁的吸水性强的纸（如卫生纸），并加水湿润，取一定数量（最好是 100 粒）的种子，均匀撒布的湿纸上，使种子接触水分，但不淹没。种子上面覆盖一张湿纸或湿纱布，然后加盖置于 25～30℃的环境中，最好是恒温箱或变温箱或催芽室中催芽。每天检查，记载发芽数，这样经一定时期（黄瓜 3～5d，番茄和辣椒5～7d，茄子7～10d）后计算发芽种子的总数，就是该种子的发芽率。

（4）发芽势，种子发芽势是指种子发芽的速度和发芽整齐度，用以表示种子生活力的强弱程度。它是在规定的时间内，种子发芽的百分数。发芽势可因不同的蔬菜种类而异，如黄瓜12～14h，辣椒65～70h，茄子90～95h，其发芽率均应达50%以上。低于此百分率则表明种子生活力弱，反之则强。

2. 播前处理　为促进种子发芽，预防病虫害，增强秧苗抗性和促进生长发育，播种前要进行种子处理。种子处理主要是指浸种（包括种子消毒）和催芽等。

（1）浸种。浸种的方法很多，有温水浸种、热水浸种、药液浸种和微量元素浸种。在生产实践中，应根据蔬菜种类和浸种的主要目的，采取不同的方法。

①温水浸种：水分是种子发芽的必要成分。种子吸水后，氧气容易透过种皮，有助于原生质的活动和种子贮存物质的转化与运输，在适温条件下能快萌发，早出苗。用温水浸种就是促使种子在短时间内吸足发芽所需的绝大部分水分。其方法是：将种子浸入约30℃的清洁温水中，水的用量至少能把种子全部淹没。浸没时间：茄果类6～8h，黄瓜、丝瓜和西葫芦3～4h，苦瓜、西瓜8～10h。

②热水浸种（温汤浸种）：这是一种简便易行的浸种消毒法。它能够杀死附在种子表面和一部分潜伏在种子内部的病菌。具体做法是：将种子装在纱布袋中（只装半袋，以便搅动种子），开始将种子袋放在常温水中浸15min，后转入55～60℃的温汤热水中，水量为种子量的5～6倍。为使种子受热均匀，要不断搅动，并及时补充热水使水温维持在所需温度范围内达15min。然后让水温逐渐下降至30℃，或转入30℃的温水中，继续浸泡。浸泡时间是：辣椒5～6h，茄子6～7h，番茄4～5h，黄瓜3～4h，最后洗净附于种皮上的黏质。

在热水浸种过程中，水温必须严格掌握，才能达到杀死病菌，又不致伤害种子的目的。一般浸种的温度应根据种子种皮的厚度来确定，种皮较薄的种子温度宜在55℃左右；种皮较厚的种子温度可达60℃。处理时要用温度表一直插在所用的热水中测定水温，以便随时按要求调节。加热水时切忌不要直接冲在种子上，以免烫伤种子。

③药液浸种：这种方法应针对防治的主要病害而选取不同的药液，并将种子浸入药液中达一定时间，以达到消毒杀菌的目的。目前，生产上常用的药液有：福尔马林100倍溶液、2%氢氧化钠溶液、10%磷酸三钠溶液、1%高锰酸钾溶液和1%硫酸铜溶液。

选用何种药液应根据不同的蔬菜种类和预防的主要病害而异。如防治番茄早疫病和茄子褐纹病，可先将种子用温水浸3～4h，再浸入福尔马林100倍液中，经20min取出，密闭2～3h，再用清水洗净即可。若防治辣椒炭疽病和细菌性斑点病，可先将种子用温水浸4～5h，再浸入1%的氢氧化钠溶液。黄瓜炭疽病和枯萎病，可先用温清水将种子浸2～3h，再浸入100倍的福尔马林溶液中，经30min后取出，并用清水洗净。各种病毒病的防治，可先将种子用清水浸3～4h，然后浸入10%的磷酸三钠水溶液或浸入2%的氢氧化钠水溶液中，经20min取出，用清水冲洗数遍，用pH试纸检验呈中性为止。

采用药液浸种时，应该严格掌握药水的浓度和浸种时间。浓度太大，浸种时间过长，都易伤害种子。种子浸入药液前，一定要用温清水预浸一定时间，至少在1h以上，药液浸后要立即用清水冲洗。

④微量元素浸种：微量元素浸种可促进种子发芽和秧苗的根系生长，加快生长发育。一般可用硼酸、硫酸锰、硫酸锌和钼酸铵500～700mg/kg的浓度浸辣椒和黄瓜种子；用700～1 000mg/kg的浓度浸番茄和茄子种子。浸种时间：黄瓜12h，辣椒、茄子和番茄可达18h。该种方法一般在不需种子消毒时采用。

种子处理是一项简单易行且行之有效的农业增产措施，它可以有效地杀菌，提高种子发芽率，增加幼苗营养，促进生长发育，实现苗全、苗齐和苗壮，从而达到增加产量的效果。提高种子发芽率的方法较多，锉种、浸种和药剂处理等。曹泽文（2012）研究了浸种时间对角蒿种子发芽率及生长势的影响。试验对角蒿种子进行了不同时间的浸种，共设4个处理，每个处理200粒种子，3次重复。处理1为干籽，处理2为清水浸种3h，处理3为清水浸种6h，处理4为清水浸种9h。试验结果如下：

①不同浸种时间对角蒿种子发芽率的影响。由表2-3可以看出：经过不同时间浸种处理后，角蒿的发芽率依次排序为：处理4（19.6%）＞处

理 3（10.5%）>处理 2（10.4%）>处理 1（2.7%）。处理 4 的角蒿种子发芽率最大，为 19.6%，显著高于处理 3（10.5%），并达到极显著水平。

表 2-3　不同处理发芽率比较

处理组	发芽率（%）
处理 4	19.614 0aA
处理 3	10.530 0bB
处理 2	10.366 7bB
处理 1	2.673 0cC

注：小写字母表示 0.05 水平上差异显著，大写字母表示 0.01 水平上差异显著。

②不同浸种时间对角蒿叶片数的影响。由表 2-4 可以看出，经过不同时间浸种处理后，角蒿的叶片数依次排序为：苗龄 10d，处理 4（2 片）>处理 3（0.666 7 片）>处理 2（0.666 7 片）>处理 1（0 片）。苗龄 20d，处理 4（3.333 3 片）>处理 3（2.666 7 片）>处理 2（2 片）>处理 1（2 片）。苗龄 30d，处理 4（5.333 3 片）>处理 3（4.666 7 片）>处理 2（4 片）>处理 1（3.333 3 片）。苗龄 40d，处理 4（7.333 片）>处理 3（6.667 片）>处理 2（6 片）>处理 1（6 片）。苗龄 50d 时，处理 4（9.333 3 片）>处理 3（8.666 7 片）>处理 2（8.667 片）>处理 1（8 片）。处理 4（9.333 3 片）的角蒿叶片数最大，差异不显著。

表 2-4　不同处理间叶片数比较

单位：片

处理组	苗龄 10d	苗龄 20d	苗龄 30d	苗龄 40d	苗龄 50d
处理 4	2.000 0aA	3.333 3aA	5.333 3aA	7.333aA	9.333 3aA
处理 3	0.666 7abA	2.666 7aA	4.666 7aA	6.667aA	8.666 7aA
处理 2	0.666 7abA	2.000 0aA	4.000aA	6.000baA	8.666 7aA
处理 1	0.000 0bA	2.000 0aA	3.333aA	6.000aA	8.000aA

注：小写字母表示 0.05 水平上差异显著，大写字母表示 0.01 水平上差异显著。

③不同浸种时间对角蒿株高的影响。由表 2-5 可以看出，经过不同时间浸种处理后，角蒿的株高依次排序为：苗龄 10d，处理 4（1.9cm）>处理 3（1.4cm）>处理 2（1.2cm）>处理 1（0.5cm）。苗龄 20d，处理 4（2.066 7 cm）>处理 3（1.9cm）>处理 2（1.6cm）>处理 1

(1.2cm)。苗龄30d，处理4（3.4cm）>处理3（2.4cm）>处理2（2.1cm）>处理1（1.5cm）。苗龄40d，处理4（4.6cm）>处理3（3.7cm）>处理2（3.2cm）>处理1（2.3cm）。苗龄50d时，处理4（6.1cm）>处理3（4.9cm）>处理2（4.2cm）>处理1（2.9cm）。处理4的角蒿株高最大，为6.1cm，显著高于处理3，并达到极显著水平。

表2-5 不同处理间株高比较

单位：cm

处理组	苗龄10d	苗龄20d	苗龄30d	苗龄40d	苗龄50d
处理4	1.900 0aA	2.066 7aA	3.400 0aA	4.600 0aA	6.100 0aA
处理3	1.400 0bB	1.900 0abA	2.400 0bB	3.700 0bB	4.900 0bB
处理2	1.200 0bB	1.600 0bcAB	2.100 0bBC	3.200 0cB	4.200 0cC
处理1	0.500 0cC	1.200 0cB	1.500 0cC	2.300 0dC	2.900 0dD

注：小写字母表示0.05水平上差异显著，大写字母表示0.01水平上差异显著。

④不同浸种时间对角蒿叶幅宽的影响。由表2-6可以看出，经过不同时间浸种处理后，角蒿的叶幅宽依次排序为：苗龄10d，处理4（4.1cm）>处理3（3.2cm）>处理2（2.7cm）>处理1（0cm）。苗龄20d，处理4（6.7cm）>处理3（4.3cm）>处理2（3.9cm）>处理1（2.5cm）。苗龄30d，处理4（9.6cm）>处理3（6.9cm）>处理2（5.2cm）>处理1（4.1cm）。苗龄40d，处理4（11.7cm）>处理3（8.4cm）>处理2（7.3cm）>处理1（5.2cm）。苗龄50d时，处理4（14.2cm）>处理3（10.3cm）>处理2（9.6cm）>处理1（7.4cm）。处理4的角蒿的叶幅宽最大，为14.2cm，显著高于处理3，并达到极显著水平。

表2-6 不同处理间叶幅宽比较

单位：cm

处理组	苗龄10d	苗龄20d	苗龄30d	苗龄40d	苗龄50d
处理4	4.100 0aA	6.700 0aA	9.600 0aA	11.700 0aA	14.200 0aA
处理3	3.200 0bB	4.300 0bB	6.900 0bB	8.400 0bB	10.300 0bB
处理2	2.700 0cC	3.900 0bB	5.200 0cC	7.300 0cC	9.600 0cB
处理1	0.000 0dD	2.500 0cC	4.100 0dD	5.200 0dD	7.400 0dC

注：小写字母表示0.05水平上差异显著，大写字母表示0.01水平上差异显著。

由此可以看出，合适的浸种时间能够大大提高角蒿的发芽率与生长势。

（2）催芽。把浸种后的种子放置于适宜的环境条件下，促使发芽，即称为催芽。播前催芽是保证出苗快而齐的一项关键措施，并能方便管理和减少能耗。催芽可根据种子量的多少采用不同的方法。进行催芽的种子，要用湿纱布包好，并保持湿润。

在催芽过程中，温度是影响催芽的主要因素。不同蔬菜种类的蔬菜种子其催芽时所要求的温度有一定的差异，茄果类的催芽温度范围为22～35℃，瓜类菜的催芽温度范围为25～32℃。在此温度范围内，采用恒温或变温催芽均可。恒温催芽，发芽热随温度升高而增强，温度越高，催芽速度越快，但芽子细长虚弱，瓜类蔬菜种子尤为明显。因此，为保证出苗粗壮而整齐，可实行变温催芽，即将高温和低温交替处理。一般变温催芽的高温是30～35℃，低温是20～25℃。每日高温、低温处理的时间分别为10h和14h。这种变温的温度和时间，既能加快出芽速度，又能兼顾出芽质量。几种主要蔬菜种子的适宜催芽温度和时间见表2-7。

表2-7　几种主要蔬菜种子的适宜催芽温度和时间

种类		黄瓜	番茄	辣椒	茄子	菜豆
恒温催芽温度（℃）		28～30	28～30	30～32	30～32	25～28
变温催芽	日温（℃）	32	32	34	34	30
	夜温（℃）	22	22	24	24	20
催芽时间		18～20h	2～3d	3～4d	4d	2d

催芽过程中，在严格控制温度的同时，还要注意调节湿度和进行换气。一般每隔6h把种子翻动一次，并及时补充水分。当60%～70%的种子芽尖露白时即可停止催芽，进行播种。

在广大的农村蔬菜基地，由于条件的限制不可能采用温箱催芽方法进行种子催芽，那么在冬春低温情况下应采取什么办法催芽呢？下面介绍几种简易的催芽方法：一是当种子量较少时可将已浸胀的种子用湿布包好，再用塑料包起来，然后装入贴肉的内衣口袋内，进行催芽，由于体温是很稳定的，所以此法形同于恒温催芽。二是当种子量较多时再采用体温催芽就不很方便，这时则可以将吸足水分的种子用湿布包好，外面再包浸湿的稻草，然后装入钵内或其他容器内并加盖，放置在炉灶上较温暖的地方。也可采取电灯加温催芽的办法，其方法是用一木桶（木桶高约70cm），先在木桶底部加入一层温水（约5cm深），然后在木桶中部用木条或竹条做一隔层，接入电源线并在隔层下部10cm左右，水面上15cm左右置一个40～60W的白炽灯泡，再在隔层上铺一层湿布，把已吸足水分的种子均匀地摊放在湿布上，种子上面再用湿布盖好。桶内放一温度计，温度计的水银球应放在隔层种子中间，以便随时检查温度。打开电灯后，把桶口用塑料密封并盖几层报纸和麻袋。为增加保温效果还可将木桶放到一个比木桶更大的缸内，缸的底部及四周都要填充稻草以隔热保温，木桶放在稻草中间，这样的效果更好。

采用以上简易催芽方法，必须经常检查温度、湿度和种子情况，温度过高时要适当降温，过低时则要采取措施以提高温度。发现湿度不够又要补充水分。倘若发现种子发黏，则要立即用温清水洗净，再继续催芽，以确保种子在适宜的条件下正常发芽。

（二）育苗前床土的准备

1. 培养土的配制 培养土应具备的条件：培养土必须具有良好的物理结构，适宜稳定的化学性质和含有足够的营养成分。试验结果表明，播种床培养土的容重应在0.5～0.7；总孔隙度应在70%～80%，化学性质必须稳定和对秧苗无毒，pH应以中性略偏碱为宜。据此要求，生产上常用的培养土由肥沃的菜园土、堆肥、栏粪、煤灰、炭化谷壳和草炭灰等组成，有时还加入石灰、过磷酸钙和其他化肥，以增加养分和调节酸碱度。

培养土配比及原料准备：菜园土是配制培养土的主要成分，一般应占30%～50%。选用菜园土时一般不要使用同科蔬菜地的土壤，以种过豆类、葱蒜类蔬菜的土壤为好，如果选用其他园土时，一定要铲除表土，掘取心土。菜园土最好在7～8月高温时掘取，经充分烤晒后，打碎、过筛，筛好的园土应贮存于室内或用薄膜覆盖，保持干燥状态备用。

有机肥料，如粪渣、其他栏粪或堆厩肥等，是主要的营养源，其含量应占培养土的20%～30%。这些有机肥应充分发酵腐熟后才能使用。或者将其与园土混合堆积起来，等到充分腐熟以后使用。

碳化谷壳或草灰，能增加钾素，使土壤疏松、透气、颜色变深，能多吸收太阳光能，提高土温。其含量可占培养土的20%～30%。谷壳炭化时应掌握好适宜的温度，一般应使谷壳完全炭化，但又基本保持原形为标准。

人粪尿一般是浇泼在园土中，让土壤吸收。也可在园土、栏粪等堆积时，将人粪尿泼浇在其中，一起堆置发酵。

在土质酸度较高的地区，配制培养土要加适量的石灰，提高土中pH。石灰还有增加钙质和促进形成土壤团粒结构的作用。

磷肥对促进秧苗根系生长有明显的作用。在配制培养土时施入适量的过磷酸钙，对培育壮苗有良好的效果。

以上原料选择，应力求就地取材，成本低，效果好。

2. 培养土消毒　为防止土传病害，在培养土配制后，还应进行消毒处理。常用的方法有：

（1）福尔马林（40%甲醛）消毒。一般1 000kg培养土，用福尔马林药液200～300g（mL），加水25～30kg，喷洒后充分拌匀堆置，上面覆盖一层塑料薄膜，闷闭2～3d（气温较高）或4～5d（气温较低）后揭开薄膜，经6～7d待药气散尽后即可使用。此法主要是防止猝倒病和菌核病。

（2）用70%甲基硫菌灵（甲基托布津）、65%代森锰锌和50%多菌灵等量混合后消毒。一般1m^3的培养土拌混合药剂0.15～0.20kg，充分拌匀，可防止白绢病、疫病、炭疽病和枯萎病等。

（3）用50%百菌清、50%福美双或65%代森锌可湿性粉剂等混合后消毒。一般1m^3的培养土拌混合药剂0.12～0.15kg。为混合均匀，可先将药剂拌于细土1kg，再均匀拌入培养土中。这种培养土最好做垫子土和盖子土，可防止猝倒病和立枯病。

四、播种期和苗龄的确定

（一）适宜播种期的确定

冬春季保护地育苗的主要作用是提早生育，提早成熟，一般都是争取早播，但也不能盲目提早，应适期播种（葛晓光等，1990）。根据蔬菜种类、栽培方式、设施条件、苗龄大小、育苗方法、育苗技术及当地自然条件等，综合考虑确定播期，是确定适宜播期的基本原则。茄果类比瓜类育苗期长，播种期就要早。同样是瓜类栽培，保护地栽培比露地栽培苗龄大，育苗期长，又要早定植，育苗期长，必须比露地栽培早播种。设施条件差，保温性能不好，秧苗生长缓慢，则同一种蔬菜、同样苗龄定植，就要比设施条件好者稍早播种。同一种蔬菜、同样苗龄定植，由于营养液育苗的条件优越，秧苗生育快，要比熟土育苗法稍晚播种。育苗技术水平高者，秧苗生育快，要比技术水平差者稍晚播种。定植地块温度条件差者要比定植地块温度条件好者晚些时间播种，等等。一般应根据当地的适宜定植期和适龄苗的成苗期来确定适宜播种期，即从适宜定植期起，按成苗期天数向前推算播种期。几种主要蔬菜的育苗苗龄及育苗期见表 2-8。

表 2-8　几种主要蔬菜育苗的苗龄及育苗期

蔬菜名称	栽培方式	苗　龄	育苗期（d）
番茄	日光温室早熟栽培	8～9 片叶、现大蕾、苗干重 1.5g 左右	70～75
	塑料大棚早熟栽培	8～9 片叶、现大蕾、苗干重 1.5g 左右	60～70
	露地早熟栽培	8～9 片叶、现大蕾、苗干重 1.5g 左右	60
辣椒	塑料大棚早熟栽培	12～14 片叶、现大蕾、苗干重 0.6g 左右	80～90
	露地早熟栽培	9～12 片叶、现大蕾、苗干重 0.6g 左右	70～75
茄子	日光温室早熟栽培	9～10 片叶、现大蕾	100～120
	露地早熟栽培	8～9 片叶、现大蕾、苗干重 1.2g 左右	70～80
黄瓜	日光温室早熟栽培	5 片叶左右、见雌花瓜纽	40～50
	塑料大棚早熟栽培	5 片叶左右、见雌花瓜纽	40～50
	露地早熟栽培	3～4 片叶	30～35
西葫芦	小拱栽培	5～8 片叶	40
	露地早熟栽培	5 片叶	35～40
冬瓜	露地早熟栽培	3～4 片叶	30～35
甜瓜	露地早熟栽培	4 片叶	30～35
西瓜	露地早熟栽培	3～4 片叶	35～40
结球甘蓝	露地早熟栽培	6～8 片叶	60～85
洋葱	露地栽培	3 片叶、高 20～25cm	65
大葱	露地栽培	高 35～40cm、假茎粗 1～1.5cm	250
韭菜	露地栽培	5～6 片叶、高 18～20cm	60

（二）苗龄的确定

生产中，通常把育苗播种到定植的天数称为苗龄，以天数表示，也称日历苗龄，但其中并没有反映出秧苗的生长发育程度。而以生长发育程度表示苗龄能说明秧苗的老幼，即以秧苗的叶片数、现蕾、开花表示苗龄，能表示秧苗的大小和生育程度，这被称为生理苗龄。它比用天数计算更能真实地反映出秧苗大小的实际情况，当然育苗天数也不是不重要，因为达到一定大小的苗龄与天数也有关系。所以，在衡量苗龄时应当以秧苗大小为主，兼顾生长发育天数。

不同蔬菜种类、同一种类的不同品种类型间、不同栽培方式和不同育苗条件等，其适宜苗龄都有不同。茄果类适宜定植的苗龄均比瓜类大，同样都是黄瓜，温室和大棚黄瓜适宜定植的苗龄要比露地黄瓜大，同样都是日光温室黄瓜，常规品种适于定植的苗龄要比某些一代杂种大些，育苗营养面积大时，适于定植的苗龄要比同一品种育苗营养面积小的大一些等。确定适宜定植苗龄时应综合考虑这些因素。

五、苗床播种

（一）播种量和播种面积的确定

1. 播种量的确定　播种前要根据总用苗数、单位重量种子的粒数、种子用价和安全系数，计算实际需要的播种量。

2. 播种密度的确定　播种密度是指单位面积播种的种子粒数，生产中又常以每平方米的播种量来计算。播种密度主要决定于各种蔬菜的叶片开展度、生长速度和在播种床上生长时间长短，还要考虑种子发芽率、育苗技术、出苗的环境和病虫害等因素。既要充分利用播种床面积，又要防止播种过密。如果秧苗分苗比较晚，小苗在播床生长时间较长，播种密度应当稀一些，如茄果类、甘蓝和花椰菜等若延晚在1～2片真叶时分苗，播种密度应减少1/3～1/2。育苗盘播种按其实际面积计算播种量。60cm×24cm×4cm的育苗盘面积为0.144m^2，每盘播番茄种子4.3～5.8g，辣椒7.2～8.6g，茄子5.7～7.2g、结球甘蓝3.6～4.3g。其他规格的育苗盘也按实际播种面积计算。

进一步可以按每亩定植田所需要的播种量和每平方米苗床播种量算出每亩地所需播种床面积，如确定番茄在真叶破心时分苗，每亩定植田需20～35g播种量，每平方米苗床播种量为30～40g，则每亩番茄需0.67～2.0m^2播种床。

（二）苗床播种的技术环节

苗床播种的主要技术环节是按做床（装盘）、浇底水、播种、盖土和盖覆盖物的顺序进行。播种方法多为撒播，也有条播和点播的。

1. 做床和装盘　目前，苗床播种方式有普通地床、电热温床和育苗盘播种等，以普通地床居多。普通地床是在温室里打畦，畦宽1～1.5m，装入床土或就地配制床土，充分曝晒，提高土温，播种前耧平，稍加镇压，再用刮板刮平。为了提高土温，做成高畦也是可行的。做床一定要细致，因为茄果类、甘蓝类和洋葱等种子都很小，必须为其顺利出苗创造良好的土壤条件。电热温床的设置已如前述，播种前半月左右在温室里铺设完毕，并装床土，也要晒土，锚前也耧平床面、镇压和刮平。育苗盘播种者装入充分晒暖的床土，但不能装得过满，要留下播后盖土的深度，而后耙平、镇压。用纸筒、塑料筒、塑料钵和营养土块直接点播者，把装好床土的筒、钵摆在苗床上，事先制好的营养土块也直接摆入。而和泥切法制营养土块者在播种前切制。

2. 浇底水　床面整平后浇底水，一定要浇透，浇水后可以用细树枝或竹签等在床的各个角落插一插，如果水浇透了则插签很顺利，如果水没浇透插签不顺利，在拔签时还能把表面湿土带起来，这样做可以检查底水是否已浇透。如果没浇透还应补浇。在浇水过程中，如果发现床面有不平处，应当用预备床土填平。浇完水后在床面上撒一层床土或药土。底水过少易"吊干芽子"，底水过大易发生猝倒病，以湿透床土7～10cm为宜。为了防止床土板结，应当用多孔喷壶有顺序地从一端向另一端喷洒，也不宜多次重复喷洒。注意用水和用具的清洁，不要把有害物质浇入苗床。冬春季苗床播种最好浇温水，防止土温下降，电热温床还可以节电。育苗盘播种前先把育苗盘排成一个方块，然后浇水。塑料钵、塑料筒和纸袋播种前，一般要喷两次水，一次水可能浇不透。预制的营养土块比较干硬，多次喷水才能润透土块。

3. 播种　茄子、辣椒、番茄、甘蓝和黄瓜等通常都是催芽后播种，像茄子、辣椒等易出芽不齐和浸种易"水鼓"的冬瓜、角瓜等，干籽直播的出苗整齐度往往比催芽播种效果好。番茄、茄子、辣椒、甘蓝、花椰菜、白菜和洋葱等小粒种子的蔬菜多采取撒播，洋葱等有时条播，瓜类常采取点播。小粒种子的蔬菜宜在催芽"露白"时就播种，瓜类种子较大，催芽种子宜在芽长不超过1cm时播种。为了使撒播种子在苗床上分布均匀，播种前向催芽种中掺些河沙，使种子松散。如果撒播种子分布不均，可以用竹签、细树枝、细树枝和细铁条等把较集中的种子拨匀。条播种子前，注意开沟不能过深，防止由于覆土过厚导致出苗困难。开平底宽沟，能增加播幅，出苗快慢较一致。瓜类等蔬菜的点播，一是点播到塑料钵、塑料筒、纸筒和营养土块的中央；二是地床播种，在浇底水后按方形营养面积纵横划线，把种子点播到纵横线的各个交叉点上。播种时要把种子平放于畦面上，千万不要立插种子，防止出苗“戴帽”（将种皮顶出土面，并夹住子叶）。

4. 盖土　播种后多是用床土覆盖种子，而且要立即覆盖，防止晒干芽子和底水过多蒸发。如果床土黏性较大，可以掺些河沙，防止出苗顶盖子。盖土厚度依不同蔬菜种子大小而不同，覆盖 0.5～1.5cm 厚。如果盖土过薄，床土易干，种皮易粘连，易出苗“戴帽”。盖土过厚，出苗延迟。为了便于掌握覆盖厚度，可以在盖土前在苗床表面放几根厚 0.5～1.5cm 木条，撒土厚度以木条似见非见为宜。若盖药土，宜先撒药土，后盖床土。

5. 覆盖塑料薄膜　盖土后应当立即用地膜覆盖床面、育苗盘、育苗钵（筒）和营养土块，保温保湿，当膜下水滴多时取下薄膜，抖落掉水滴后再盖上，直至拱土时才撤掉薄膜。

六、播后管理及分苗

（一）播后管理

播后管理包括出苗期管理、籽苗期管理和小苗期管理，总称分苗（移植）前的管理。这一阶段是育苗管理的关键时期，主要是据气候条件的变化和秧苗出土、生长对环境条件的需要，有节奏地控制苗床的生态环境。

1. 出苗期的管理　播种至出全苗为出苗期。这一阶段主要为胚根和胚轴生长，以维持适宜土温最重要。育苗盘播种盖地膜后立即送到催芽室的育苗架上，注意催芽室的保湿，立即通电，并用控温仪控温。电热温床播种盖地膜后还要用塑料薄膜扣上小拱棚，立即通电和用控温仪控温，夜间覆盖草帘、纸被或无纺布等，白天揭开，但拱棚不能放风。普通地床播种盖地膜后，也架拱棚、扣塑料膜，甚至夜间盖草帘、纸被或无纺布等，白天揭开草帘等非透明覆盖物，白天塑料拱棚也不能放风。架床播种用相似措施进行夜间保温。普通地床和架床播种，如设施保温性能不佳，夜间还要加温，主要是在前半夜和黎明前 4：00～6：00 进行加温。

不论电热温床、催芽室和普通地床，还是架床出苗，都要加强设施的外部保温，及时揭盖草帘，加盖纸被，加强设施底脚维护等。尽量做到既节省能源消耗，又能保证幼苗出土适温。喜温果菜类（茄果类、瓜类等）在催芽室里出苗，应把气温控制在25～28℃，耐寒性和半耐寒性蔬菜甘蓝、花椰菜、芹菜和莴苣等应控制在20～25℃，在此范围内白天稍离，夜间稍低些，通过气温提高土温。如果是塑料围成的催芽室，晴天中午前后还要适当遮阳，防止温度过高灼伤芽苗，夜间用纸被等围上，有利保温节电。电热温床播种者主要是直接控制土温，喜温果菜类控制在24～25℃最好，为了节省能耗，夜间最低应控制在18～20℃，甘蓝、芹菜和洋葱等耐寒性蔬菜可相应降低2～3℃，但这不意味着电热温床播种者就可以忽视苗床气温，也要防止夜间气温过低和白天气温过高，如前所述夜间要加非透明覆盖物等，特别注意在芽子拱土期间，晴天中午前后应当遮阳，防止烤坏芽子。凡是播种床、盘、钵上盖地膜者，当芽子大量拱土时，要及时撤掉地膜，防止烤伤芽子，最好是每天上午检查一遍，发现芽子大量拱土，立即撤膜，能防止当天被烤伤，盖小拱棚者应当放小风，防止出苗过快。撤掉地膜后，如果盖土逐渐干燥，应当轻轻喷水，使盖土保持湿润，并把盖土轻轻扦碎，使盖土与下面的床土密切接触，种皮保持湿润，防止幼根、幼茎受害和出土“戴帽”。在催芽室里出苗者，当幼苗有50%左右出土时，把播种盘搬到温室光照好的部位，边出苗边见光绿化。盖小拱棚者这时白天中午前后适当通风，防止拔脖徒长，以后每天逐渐加大放风量和放风时间。

2. 籽苗期的管理 出苗至真叶展开前为籽苗期。这是幼苗易徒长时期，管理工作以防徒长为中心。发现籽苗有“戴帽”现象，应人工拿去种皮，因为“戴帽”生长的籽苗最易徒长。但是，不能干摘帽，否则，易把子叶摘断或摘掉。应当先喷点水，使种皮湿润，再轻轻帮助摘帽。或者傍晚盖帘子前，轻轻喷水。让苗子经过夜间自己脱帽。籽苗期子叶是唯一光合器官，子叶受伤严重影响其生育，必须保护子叶。籽苗徒长的主要原因是夜间气温偏高，加上勤浇水，更易徒长，所以籽苗期管理应当以“控”为主。出苗后适当降低夜间气温能比较有效地防止徒长，喜温果菜类夜间气温10～15℃，耐寒蔬菜9～10℃比较合适，即比出苗期分别降低2～3℃。白天果菜类气温保持25～26℃，耐寒蔬菜20℃左右，能保证光合作用正常进行。这一阶段外界仍然寒冷，管理上主要还是注意夜间保温，甚至加温，白天温室很少放风，当温度过高时可以短时间遮阳，但室内小拱棚要放风。籽苗期间一般不轻易浇水，但育苗盆、育苗钵播种出苗的易干旱，应当酌情喷水。播种时采用药土防病时，籽苗期间不能控水，应保持床土湿润，防止药剂抑制籽苗生长。播种过密，籽苗拥挤，受光不良也易徒长，适当间苗和勤擦温室玻璃及薄膜，改善籽苗受光状况，有利于防徒长。喜温性果菜类蔬菜低温多湿易得猝倒病，而甘蓝、芹菜等喜冷凉蔬菜在高温条件下易发此病。除了种子和床土消毒外，还要通过温湿度调节进行预防。一旦发病，应尽快分苗，防止扩大蔓延。籽苗期应注意灾害性天气的管理，为了接受较多光照，阴天也要揭帘子，雪后应立即扫雪揭帘子。如遇雪后晴天，应当先花揭帘子，隔一段时间再全揭帘子，逐渐扩大温室受光面积，防止突然高温引起子叶萎蔫。寒冷天气近温室底脚部位的秧苗易受冻害，如果冻害轻，可先喷些水，然后蒙上塑料薄膜，遮花阴，使苗床缓慢升温，让苗子逐渐恢复正常。如果受到突然暴晒，则无可挽救。随着外界气温逐渐升高，温室内的塑料拱棚白天逐渐加大放风量，相继变为白天揭夜间盖，直至拆除。

3. 小苗期管理 第一片真叶破心至2～3片真叶展开为小苗期。主要是根系和叶面积同时扩展，拔脖徒长的可能性比籽苗期小。苗床管理的原则是边“促”边“控”，保证小苗在适温、不控水和阳光充足的条件下生长。喜温果菜类白天气温25～28℃，夜间15～17℃，耐寒蔬菜白天20～22℃，夜间10～12℃，随外界气温逐渐升高适当加大放风量。对易徒长的甘蓝、番茄和黄瓜等不要小水勤浇，应当在干旱时浇透水，随后覆土保持水分，尽量减少浇水次数，防止引起徒长。茄子、辣椒等不易徒长，以保持土表0.5cm左右干燥层以下湿润为原则，不要严格控制浇水，也可以在喷水后覆土保水。经常擦温室玻璃和薄膜，有利于增强室内光照，逐渐提前揭帘子延后盖帘子，延长室内光照时间，可以增加小苗光合产物的积累，创造壮苗的物质基础。但瓜类小苗期已开始花芽分化，特别是原产南方的一些品种，往往短日照是花芽开始分化的先决条件，以保持8～10h日照为宜。灾害性天气的苗床管理与籽苗期相近。

（二）分苗（移植）

分苗是在育苗过程中的移植，主要目的是扩大幼苗的营养面积（株行距）。移植时，由于根系受到损伤，对幼苗生长和果菜类花芽分化有抑制作用。然而，根系受损伤后能刺激侧根发生，使幼苗根系比较集中，通过分苗可以防止苗期病害的蔓延等。总之，分苗有利也有弊。是否需要移植要看不同种类蔬菜幼苗对移植的反应、定植苗龄大小和育苗设施条件等。甘蓝、茄果类幼苗比较耐移植，因为移植后根系再生能力较强，因此，这些蔬菜在育苗过程中一般进行移植。黄瓜等瓜类的根系再生能力较差，不太耐移植，适宜定植的苗龄比较小，在育苗设施面积允许的情况下可以不经过移植，直接用盆钵点播育成苗。豆类根系再生能力很差，适宜定植的苗龄更小，育苗过程中一般不移植。

1. 分苗的时间确定 应当以幼苗的营养面积，不明显阻碍其生长和果菜类花芽分化为原则，提倡早些时间分苗，减少损伤和对幼苗生育的抑制作用。分苗时间与分苗次数有密切关系，一般以分苗 1～2 次为宜，设施条件允许提倡分苗 1 次。如果分苗 2 次，一般应在真叶破心前后分完第一次，3～4 片叶时分完第二次。如若分苗 1 次，应当在 2～3 片真叶期分完。如果瓜类育苗需要分苗，应当在子叶展平充分变绿时分苗。

2. 分苗前的准备 提前把床土运至育苗保护地里，晒暖提高土温，还要准备好分苗场池。对于日光温室早熟黄瓜、番茄和茄子等育苗，可在日光温室由西向东的中段用塑料隔出移植成苗室，室内设架床，有条件能设电热温床更好，育壮苗的把握较大。育早熟大棚果菜类秧苗的准备工作类似。育露地早熟果菜秧苗应当准备分苗的日光温室、大棚和冷床等，早甘蓝、花椰菜等应准备好分苗的大棚、冷床等。除了提前进行烤地，还应加强外保温维护、场地内进行熏蒸消毒等。

3. 分苗的营养面积（株行距） 主要根据育苗蔬菜的种类、苗龄大小、分苗次数和设施面积等加以确定。株幅大的比株幅小的种类营养面积大些，大苗定植比小苗定植者营养面积大些，分苗一次者营养面积要大些，多次分苗则营养面积可逐次扩大，同一种蔬菜同样苗龄，在设施面积允许的情况下营养面积尽量稍大些。总之，适宜的营养面积以保证地下部有足够供根系扩展和吸收营养、水分、氧气的土壤体积和地上部秧体不相互遮光为原则，创造适宜的地下部和地上部营养条件。一般一次分苗的露地定植秧苗的营养面积为 6～8cm 见方，其中甘蓝、花椰菜和笋等偏小些，果菜类偏大些。保护地定植的秧苗，如果一次分苗，以 8～10cm 见方比较合适，用盆钵分苗其上口直径应符合上述标准。如果 2 次分苗育成苗，第一次分苗的营养面积2～3cm见方，第二次分苗的营养面积与一次分苗育成苗的营养面积相同。

4. 适宜分苗的苗龄　依蔬菜种类、播种和出苗密度、分苗次数、病情以及设施的保温情况等而异。不太耐移植的蔬菜适于子叶期分苗，耐移植的蔬菜可以小苗期分苗。出苗密度大时应当早分苗，苗稀可以推迟分苗。分苗两次比分苗一次早分苗。如发病并有蔓延趋势时可提前分苗，设施保温条件好可以早分苗，反之，应适当推迟分苗。分苗前综合考虑以上几项因素，以确定适宜分苗时期。再就是无论多大苗进行分苗，要保证在末尾一次分苗之后，有30～40d以上的成苗和锻炼时间，保证秧苗有充足生长和锻炼时间。

5. 分苗方法　有地床开沟移栽法、盆钵移栽法和营养土块移栽法等。不论哪种分苗法都应选晴天移栽，地温高，易缓苗。为防止分苗后遇上灾害性天气，影响缓苗，分苗前必须听天气预报。分苗前1d把分苗的原苗床（盘）浇透水，起苗容易，伤根少。目前，许多单位和农户还多采取地床沟栽分苗法。其分苗基本工序是：起苗、运苗的同时整平分苗床，放上刻有株距的分苗板（板宽与株距相等），用移植铲紧贴分苗板开沟，按株距栽苗、浇水，待水透干后封平栽植沟。而后把分苗板迁移至第一行内侧，紧贴苗行平放，再按移栽第一行的方法移栽第二行，直至整床移完。应注意防止运苗过程中的冻害，运到分苗床的小苗要防止失水萎蔫（带一些湿土和遮阳等）。边移栽边淘汰病苗和细弱苗，健康苗也要大小分级，分别集中栽植，便于以后分别管理。移栽每床过程中，栽完一段苗床就覆盖一段，防止风吹和暴晒损害秧苗。盆钵分苗是把床土装入钵中，不要装太满，否则，栽苗后浇水要流到钵外，而且以后覆土也成问题。装钵后用手指在钵中央把床土插个小栽植孔，把苗栽入孔中，封孔后浇透水，把移栽后的苗钵排在苗床里。营养土块分苗是把预制的干土块多次喷水润透，再栽苗，而和泥切制法是切块插孔后就栽苗，栽苗后都要封严栽植孔。盆钵和营养土块分苗的其他注意事项与地床分苗法相同。

七、分苗后的管理

（一）缓苗期的管理

每次分苗后几乎都有3～5d以上的缓苗期，主要是恢复根系，而新根的发生必须要求有较高的地温。因此，缓苗期主要注意适当提高苗床温度，尤其是地温，因为床土水分已不缺了。喜温果菜类地温不能低于18～20℃，白天气温 25～28℃，夜间不低于 15℃，耐寒性蔬菜甘蓝等相应比喜温蔬菜类低 3～5℃。加温温室分苗应当在夜间适当加温，日光温室分苗注意夜间盖纸被、草帘子等。冬季分苗可铺电热线加温和扣小拱棚，早春塑料大棚分苗后棚外夜间四周围草帘子，棚内设天幕、盖小拱棚，甚至在小拱棚塑料薄膜上面盖纸被、无纺布或草帘子等覆盖物。缓苗期不放风，温室中午前后若气温过高可以短期遮阳。另外，缓苗期在幼苗顶上蒙一层地膜，保温又保湿，缓苗后酌情撤下地膜。

（二）成苗期的管理

缓苗后至秧苗定植前为成苗期。此时期随着秧苗生理机能恢复和增强以及温度逐渐升高等，秧苗生长逐渐加快，管理不当易育出徒长苗或老化苗，成苗期管理的任务是保证秧苗稳健生长，争取培育壮苗。

分苗后秧苗心叶开始生长，地下都又生出白色新根说明已缓苗，即秧苗成活了，但真正完全缓苗还有老根被新根代替的过程。当秧苗成活，即缓苗时，见表土干燥可喷一次缓苗水，促进秧苗生长，但水量不要大，以润透床土为宜，床土不干也可以不浇。刚缓苗的一些日子，外界气温还比较低，秧苗生长不快，苗床管理仍以防寒保温为主。秧苗旺盛生长期温度不能高，控温不控水，既防徒长又能保证秧苗有较大生长量，如果控温又控水，即所谓“干靠”易育出老化苗（僵苗）。所谓控温主要是控制夜间气温，偏低的夜温能促进茄果类花芽分化和瓜类的雌花分化，但不能长期低于 10℃，否则，将影响果菜类的花芽分化及发育，特别是番茄，易出现畸形花，将来易结畸形果。甘蓝、芹菜等不能长期连续有 4～6℃低温，否则，易通过春化，引起花芽分化，定植后未熟抽薹。温度调节主要靠白天放风和夜间覆盖来实现，随外界气温逐渐上升，温室、大棚和阳畦的放风时间逐渐拉长，放风量逐渐加大，温室先放顶风，以后改为顶风、底风都放，大棚先放顶风，再顶风、侧风都放，阳畦从背风一侧放风逐渐发展为两侧放风，如果是塑料小拱棚育成苗应当在顶部开膛放风（扒缝放风），扒缝逐渐加大，其床内气温和地温分布比两侧放风均匀，秧苗齐整。棚室和阳畦的非透明覆盖物（草帘、无纺布和纸披等）随外界气温的逐渐上升，上午逐渐提前早揭，下午逐渐晚盖，能防止夜温过高，也能延长光照时间。当秧苗缺水时，选晴天上午浇透水，同时放风，当秧苗株体上无水迹时，撒一层细土，俗称“片土”，或者第2d土表稍干燥时，用小钩子轻轻中耕床土表面，把1cm厚左右的表层耕得细碎，俗称“扦土”。不论“片土”或“扦土”都能保持床土水分，减少浇水次数。而小水勤浇易引起徒长，除非不浇，浇就浇透，加上保水措施，保持苗床、苗钵中有充足水分供给秧苗。地床育成苗除了浇缓苗水，至开始锻炼幼苗大体上有3～4次透水就可以。电热温床、盆钵和营养土块育成苗比地床浇水次数要多，因为床土易干燥。

成苗期长期弱光往往是秧苗徒长的主要原因，秧苗旺盛生长期随着株幅的增大株间叶片相互遮光，群体内部光照弱，容易徒长，应当及时排稀。地床育成苗通过第二次移植达到排稀，盆钵和营养土块育成苗通过拉开苗钵和土块的间距实现排稀。架床育苗结合苗钵、苗坨落地进行排稀，而且落地排稀有降低温度和改善群体内部光照两方面作用，能有效防止徒长。为增加设施内部透光量应经常擦洗玻璃、薄膜等。改善群体的受光状况，能增强秧苗的光合作用强度，加上有较低夜温的配合，可以增加秧苗体内营养物质积累，秧苗生长茁壮。秧苗旺盛生长期易出现缺氮、缺磷现象，可以采取根外追肥措施，用尿素和磷酸二氢钾各半配0.5%的水溶液叶面喷施，喷到叶片刚滴水程度，而且要在傍晚放帘子前喷施。忌高温时间喷施，因易被晒干，叶面吸收效果差。

八、定植前的秧苗锻炼

定植前对秧苗进行适度的低温、控水处理称为秧苗锻炼。非生长季节都是在保护地培育蔬菜秧苗，育苗的保护地几乎都比定植的栽培田环境条件优越，尤其比露地温度高、湿度大、阳光弱、风也小，为了增强秧苗对定植栽培田不良环境的适应性，在定植前秧苗需要经受一段锻炼过程。秧苗经锻炼后体内干物质、糖和蛋白质含量增加，细胞液浓度增高，亲水胶体含量增加，茎叶表皮增厚，角质和蜡质增多，叶色变浓，茎变坚韧，增强了秧苗的抗寒、抗旱和抗风能力。经锻炼的果菜秧苗可耐0℃左右低温，定植后缓苗快，成活率高。露地和大、中、小棚栽培在定植前都需要锻炼秧苗，因露地和大、中、小棚的栽培环境条件与育苗保护地环境差异均较大。而日光温室栽培应根据育苗保护地环境与定植日光温室的差异是否明显确定定植前是否进行秧苗锻炼。锻炼程度应以能适应定植后的环境为标准。露地和大、中、小棚栽培在定植前都要经过较严格的秧苗锻炼，日光温室栽培只需要轻度锻炼或不锻炼。加温温室栽培在定植前不需要秧苗锻炼，因为都是加温温室育苗，育苗温室和栽培温室的环境条件很相近，如果强行锻炼，有损无益。

锻炼的措施主要是降温控水。定植前5～7d逐渐加大育苗设施的通风量，降温排湿，并不浇水，特别是降低夜温，加大昼夜温差，由白天通风过渡为昼夜大通风，果菜类定植前夜间最低气温可降7～8℃，其中番茄可降到5℃，耐寒蔬菜可降到1～2℃，还可以有短时间0℃低温。定植前2～3d，育苗的日光温室上下通风，大棚两侧大通风。玻璃阳畦和小拱棚可以昼夜揭去覆盖物，但雨天要防雨淋，如遇冷空气侵袭夜间要加覆盖物，防霜防冻，应注意天气预报。这是通常锻炼秧苗的方法。割坨、晒坨和囤坨也可起到一定的锻炼秧苗的作用，定植前10d左右，苗床浇一次透水，第2d割坨，把苗坨拉开点距离，开始晒挖，晒至土坨外表发白时向土坨间隙中撒潮细土，土坨表面也撒一薄层土，保持水分，进行囤挖，最初2～3d保持育苗设施内有较高温湿度，晴天中午短时间遮阳，使秧苗愈伤复原。以后逐渐加大通风量，降温排湿，加大昼夜温差，也不浇水，进行秧苗锻炼，锻炼期间仍按前述一般锻炼法掌握苗床温度。在秧苗锻炼期间，要严防雨水淋入苗床，造成秧苗的再次旺盛生长，降低秧苗质量及定植成活率。

第二节　生长季节的蔬菜育苗技术

生长季节的蔬菜育苗是指在不需要采用特殊的加温或保温设施与设备条件下，温度即能够满足秧苗生长需要而进行的育苗（葛晓光等，1990）。它主要是在露地进行，所以通常称为露地育苗。但为了预防自然灾害和培育壮苗，生长季节育苗有的也采用一些临时性的简易保护措施，或在保护地内进行，如秋大白菜工厂化育苗等，因此统称为生长季节的蔬菜育苗。

一、生长季节蔬菜育苗优缺点分析

（一）生长季节育苗栽培比直播栽培的优点

本来在生长季节可以直播，减少育苗和定植的麻烦，减少生育的时间，但育苗比直播有以下好处，因此育苗栽培仍广泛应用。

1. 增加蔬菜单位面积产量和产值　要增加单位面积产量和产值就要进行多茬栽培和增加收获时间，生长季节采取育苗栽培是有效栽培措施之一。如在东北、西北和华北地区，在种秋菜期间，为了使果菜多收获半个月左右，同时又不影响下茬大白菜的产量，就采取育苗栽培。春季早熟结球甘蓝收获后，栽培冬瓜也应提前露地育苗。由此可见，在生长季节育苗是部分蔬菜栽培的重要环节，培育壮苗是提高复种指数，实现增产增收的重要措施。随着栽培制度的改进和南菜北调的增加，生长季节育苗越来越重要了。

2. 节约土地　有些蔬菜苗期很长，如在北方秋播，大葱苗期长达8～9个月（含休眠期）。这类蔬菜一般要进行育苗移栽，以节约土地和便于前期管理。大葱、洋葱、莴笋和花椰菜等许多蔬菜都可在生长季节育苗。$1m^2$葱苗可栽8～$10m^2$，$1m^2$莴苣笋苗可栽近$100m^2$。这样，可节约大量土地和管理人工。

3. 有利于防治苗期各种灾害　有些蔬菜苗期要求较严格的环境条件，在露地直播栽培条件下，抗自然灾害能力较弱，生长不良，还易感染病虫害，育苗则可有效地解决这些问题。有的蔬菜苗期需冷凉、湿润的环境条件，通过育苗采取浇小水和遮阳措施等就能满足。秋季栽培的番茄等果菜苗正值高温多雨季节，易感染病毒病。花椰菜易受蚜虫、菜青虫等为害，育苗栽培可利用遮阳、防蚜等措施精细管理。

4. 节约种子　育苗苗床整地细致，有的采取临时性保护措施，因此比直播出苗率高，成苗率高，从而节约大量种子。对于一些价格昂贵的杂交种或进口种子，节约用种是降低生产成本的重要措施之一。

（二）与非生长季节育苗比生长季节育苗的优点

1. 育苗成本低　生长季节育苗除工厂化育苗外，一般不需温室、大棚等保护地设施。而早熟栽培的果菜苗，在非生长季节育苗，设施设备折旧费高达每株几分钱。生长季节育苗不需加温保温，比非生长季节育苗省去了加温和保温费用。除越冬育苗的蔬菜外，生长季节育苗比保护地育苗生长天数少，如果菜一般不到保护地育苗时间的一半，因此管理费用低（高寿利，2010）。

2. 管理方便省工　生长季节育苗一般不移苗或只移苗一次，加之育苗时间短，比非生长季节育苗管理省工方便。

3. 育苗天数少 除越冬或早春育苗外，多数蔬菜在生长季节育苗时温度适宜，光照充足，秧苗生长发育速度显著快于非生长季节育苗，因而育苗天数少。如大白菜 15～20d，普通白菜 25～30d，瓜类蔬菜 20d 以内，茄果类蔬菜 40d 以内，甘蓝类 40d 以内。

（三）生长季节育苗容易出现的问题

1. 容易遭受自然灾害 生长季节育苗多在露地进行，种子发芽和幼苗生长期间，容易遭受大风、暴雨、干旱、高温、冰雹和霜冻等自然灾害的侵袭，使种子发芽出土困难，或幼苗受害死亡。

2. 容易受病虫草为害 生长季节育苗，尤其在高温季节育苗，病虫草害猖獗，很容易使幼苗受害。杂草发芽出土容易，小粒种子如葱蒜类蔬菜、芹菜等非常容易被杂草为害。因此，预防病虫草为害比在非生长季节育苗困难得多。

3. 容易通过春化抽薹 在北方大葱、洋葱等都秋播越冬，如果播种过早，秧苗营养体过大，容易通过春化抽薹，失去栽培价值。播种过晚，秧苗营养体太小，不利于越冬和第二年获得高产。

二、生长季节育苗的主要技术措施

搞好生长季节的蔬菜育苗，要抓好以下几点关键技术。

（一）做好苗床

苗床地块要平整，选在能排灌水的地方做床。夏天育苗应选高燥地块。增施充分腐熟的农家肥做底肥，使床土含有各种速效矿质营养，以满足秧苗迅速生长的需要。苗床土壤的通透性和持水性应良好，不在黏性很大或沙性很大的地块育苗。不在上茬种过同科蔬菜的地块育苗，以减少土壤病害的感染，对于土传病害严重的蔬菜，应隔几年。不在地下害虫严重的地块做床育苗。苗床整地要细致，充分耙平，播种价格昂贵的种子或小粒种子床土最好过筛。

（二）采用临时性保护措施

有的蔬菜在生长季节育苗，要采用临时性保护措施，如春季播种果菜苗时，设临时性风障以阻挡寒风，提高床温，天气转暖时撤除。夏季育苗，播种后短期遮阳，如播芹菜、莴苣和笋等，一般播种后覆盖薄草帘，或稀疏地放些竹竿、秸秆等遮阳。夏天播种果菜设遮阳棚降温，防止病毒病危害。夏天也可以在保护地设施上面盖上遮阳网或其他遮阳物育苗。低温季节育苗，出苗前在地面上盖塑料薄膜。

（三）适时播种

生长季节育苗，秧苗生长迅速，应适时播种，特别是秋菜育苗，播期显得非常重要，育苗天数（除越冬苗外）不应太长，苗龄不宜太大。如大白菜比直播只能早 5～7d，过早过晚都不妥。早春播种果菜类蔬菜不能太早，以免出苗后遭受霜害。秋季播种洋葱、大葱等要控制冬前秧苗的大小，使其既不通过春化，又有一定生长量。

（四）抗灾保苗

为防止暴雨危害，露地播种出苗期间应尽量避开暴雨天气，根据历年经验并及时收听天气预报，确定播种时间。土壤干旱时要坐水播种，播后覆细土，或先灌水，后整地，趁墒情好及时播种。土壤水分含量不足的，播种后及时镇压土面，有条件的播种后用覆盖物覆盖苗床。多冰雹地区用覆盖物遮盖保苗。春天怕蔬菜出苗后遇强寒流侵入时，进行临时性覆盖抗霜冻。采取农业措施和化学措施综合防治病虫草为害。

三、春季露地育苗技术

在春季生长季节育苗的蔬菜种类很多，有晚熟的甘蓝、番茄、辣椒、茄子以及伏芹菜、冬瓜、半夏黄瓜、芸豆、葱和韭菜等。

（一）防冻保苗技术

番茄、辣椒、冬瓜、黄瓜和芸豆等喜温蔬菜在春季露地育苗时，防冻和防低温冷害是育苗的关键。在播期选择上应选在出苗后已经终霜的时候。春天地温低，果菜种子发芽出苗缓慢，一般需 7～10d，因此，宜在终霜前 7～10d 播种。

如果出苗后遇到寒流可能出现霜冻，要临时覆盖，如采用地膜棚要覆盖在幼苗上。有条件的在苗床北侧夹风障能显著改善苗床小气候，既能防寒，又能提高苗床温度，利于果菜苗生长。

（二）防旱保苗技术

春天露地育韭菜、大葱和芹菜等蔬菜苗易遭受旱灾，影响出苗。它们种子细小，吸水力弱，种子内贮藏的营养物质少，播种后一般十余日才能出苗。

大葱、洋葱、韭葱和韭菜等蔬菜种子发芽过程比较特殊。在种子吸水萌动时，子叶先开始生长，迫使幼根及胚轴穿出种皮，幼根伸出后即向下生长，这时子叶仍继续伸长，因为基部固定在胚轴上，而尖端仍留在种子内吸收胚乳中的养分，所以播种出苗的初期，子叶弯曲成钩状，俗称为“拉弓”。当子叶伸出土面而直立称为“伸腰”。自拉弓至伸腰前，胚根生长非常缓慢，这一时期土土壤缺水或地面板结，苗根容易枯死。因此，必须精细整地，并经常保持土壤湿润，以利发芽出土，为保水，在播种后出苗前可临时覆盖。

（三）防草保苗技术

露地育苗杂草最易徒长，苗床除草非常重要。杂草一般比蔬菜出苗早，可抓住时机在小草刚要出土、菜种未出芽时浅锄畦面，将杂草消灭在初生阶段。

用除草剂防治省工效果好。用33％除草通乳油每亩100g或50％除草剂一号150g，在播后苗前处理韭菜苗床效果好。33％除草通用于大葱苗床的用药量为每亩100g。48％地乐胺每亩用药200g用于大葱、韭菜苗床除草效果也很好。每亩用48％地乐胺200g或48％氟乐灵乳油120g于黄瓜苗前处理是安全的。芹菜是一种抗药力较强的蔬菜，多种除草剂可以应用，如在播后苗前每亩可用48％氟乐灵乳油100～150g，或48％地乐胺乳油200g。也可用50％利谷隆可湿性粉50g加48％地乐胺乳油100g，喷雾处理土壤，然后播种，还可应用除草醚等。每亩用25％胺草磷乳油200g，70％赛克津可湿性粉100g在番茄播后苗前除草，幼苗不会产生药害。如果没有用除草剂除草，应及时拔除苗田杂草。

四、夏季高温季节育苗技术

夏季高温季节主要育苗蔬菜有花椰菜、青花菜、大白菜、秋延后栽培的番茄、茄子和辣椒，还有晚甘蓝、芹菜、荠菜和结球莴苣等。

夏季高温多阵雨，并易出现严重干旱，且病害重，这是培育壮苗的主要障碍。在育苗时，应采取以下措施加以克服，以保障秧苗正常生长。

（一）防止高温危害的育苗技术

高温不利于一些蔬菜秧苗生长，如芹菜、莴苣发芽困难，为防止高温危害应采用下列措施。

在苗床上撒一些截短的麦秆或稻草；用寒冷纱或遮阳网覆盖在苗床，也可用它们或无纺布、竹帘和草帘等搭成遮阳棚，在高棵蔬菜下播种育苗。通过上述遮阳办法可使温度下降，透光率降低，利于菜苗生长。在保护地内遮阳播种，或往玻璃上喷水，下面用棚膜隔开以降低温度。播种出苗后，在早晨或晚上往苗床浇井水，适用于沙性土壤。在井中或其他冷凉地方将芹菜、莴苣催芽后播种。或将种子进行低温处理，如芹菜在2～5℃环境条件下处理48h，莴苣在5℃环境条件下处理12h，具有明显的促进发芽效果，发芽率可增加1倍。其方法为浸种8h后用湿纱布包裹，然后处理。处理后待种子萌动直接播种。选择通风良好的地块做苗床。

（二）防止病毒病危害的育苗技术

高温情况下有些蔬菜病毒病发生十分严重，应采取以下措施预防。

采取措施降低苗床温度有利于预防病毒病的发生。用10%磷酸钠碱液处理荠菜、番茄种子10min，然后用清水漂洗干净，或用弱毒的病毒给番茄接种。选择抗病毒品种栽培。用尼龙网纱防蚜育苗。用银灰色反光塑料薄膜间隔遮盖防蚜育苗。及时防治蚜虫。采用工厂化育苗。

（三）防止暴雨危害的育苗技术

夏季暴雨一方面使土壤板结，不利于种子发芽出土，另一方面易造成涝灾，应采取以下措施防治。

选择高地建造苗床。易遭暴雨地区以沙壤土育苗为宜。苗床四周要排水通畅。遇暴雨及时排出积水。采用临时覆盖减轻暴雨危害。播种后如遇暴雨而种子未萌动时，雨后即在苗床上浅耙，防止土面板结，同时可再播少量种子。

（四）防止干旱危害的育苗技术

有些年份或地区夏季育苗时遇到干旱，应采取以下措施加以预防。

在苗床中浇足底水后播种，或充分灌水，然后整地，利用较好墒情播种。播种覆土以后，采取镇压土面的方法保墒。在早晨或者晚上，往苗床中浇水。借墒播种，即开穴点播，第一穴播后暂不覆土，在挖第二穴时，将从中挖出的湿土作为第一穴的覆土。

（五）防止秧苗徒长的育苗技术

高温季节育苗有的蔬菜秧苗极易徒长，如番茄、黄瓜等。应采取以下措施加以预防。

浇水量一般不可过大，在傍晚或早晨用喷壶洒水，切忌大水漫灌。及时分苗或间苗。秧苗营养面积宜大不宜小。喷施乙烯利控制黄瓜番茄苗徒长，喷施矮壮素控制番茄苗徒长。如番茄在5叶期、7叶期用40%～50%的矮壮素1 000倍液各喷一次，可使幼苗粗壮、叶色浓绿、叶片增厚，促进花芽分化。

五、秋季播种的蔬菜育苗技术

秋天播种的有越冬菜，如大葱、洋葱等，它们冬季休眠，第二年定植。南方普通白菜、紫菜薹和冬甘蓝在秋天育苗，一般立冬前后定植，普通白菜也有翌春定植的。

（一）确定适宜播种期

秋播育苗播种期非常重要，播种早了容易出现病害，如普通白菜、紫菜薹播种早，不必要地延长生育期，而且病毒病、软腐病容易发生。越冬菜播种早了容易抽薹，如洋葱、大葱和普通白菜等。播种晚了苗小不抗寒，越冬容易死亡，营养体小，最终影响产量。紫菜薹在长江流域，早熟品种应在8月下旬至9月上旬播种，晚熟种在9～10月播种。普通白菜多在9月上中旬播种。南方冬甘蓝在9～10月播种。大葱在北方多在9月上中旬播种。洋葱在辽宁省宜在8月下旬至9月初播种。

（二）加强水分管理

秋天播种，雨季已过，播后易受旱灾。主要靠人工灌水来满足种子出苗及幼苗生长的需要，所以要经常保持畦面湿润。播后如不下雨应及时浇水。越冬时如遇干旱容易将秧苗干死，因此在封冻前要浇一次大水，既能保墒防旱，又能对防冻害起一定作用，有条件的浇粪水更好。春天及早浇缓冻水和追肥，但浇水不可过量，防止降低地温有碍生长。在北方还应防雪水过多涝死秧苗，及时排出积水。

（三）防治杂草和间苗

葱蒜类（蒜除外）种子小，出苗慢，田间杂苗长势旺，往往形成草压苗，应及时除草。对于密集处的幼苗应进行间苗，使苗与苗之间有一定间隙，如洋葱应有2～3cm的间隙。越冬菜苗还应注意防止动物为害。

六、利用纬度差和高山冷凉育苗

（一）利用纬度差育苗

我国幅员辽阔，利用纬度差进行育苗，既适用于非生长季节育苗，也适用于生长季节育苗。在低纬度温暖地带利用露地育苗，通过运输，定植到高纬度寒冷地带，省去保护地设施设备和加温费用，这项措施在美国早已应用。随着我国高速公路的发展和蔬菜价格的提高，纬度差育苗将会兴起，并不断发展和逐步完善。

以洋葱为例，在辽宁抚顺地区，洋葱苗露地直接越冬困难，所以多从鞍山、海城以及唐山等地购苗，上述地区一般可露地越冬，不必像抚顺地区入冬前要贮藏。因此，民间多自发地从外地购苗而不育苗，这是异地生长季节育苗的一个实例。

（二）高冷凉育苗

在夏季高温季节育苗，由于温度高，给秧苗生长带来许多不利因素，表现秧苗容易瘦弱、徒长，尤其容易感染病毒病。白天高温可采用适当遮阳的方法加以改善，而高夜温在生产上很难解决。利用高山冷凉气候特点育苗，上述问题会迎刃而解，同时高山病菌相对较少。当然，这项技术还有待试验研究开发，直至用于生产。

第三章　现代蔬菜育苗的设施与设备

第一节　塑料大棚

一、塑料大棚的类型

国外的薄膜覆盖，也是由地面覆盖、中小拱棚，进一步发展为大棚的（聂和民，1979）。目前仍是中小棚配合大棚进行全年生产。中小型塑料棚，一般多为拱圆型、隧道式，或是尖顶拱式棚，也有屋顶式中小棚。棚宽1.5～6.5m，长30～35m，高1～2m。骨架用竹木或钢材、小拱棚的支架有些是硬质塑料杆，用拖拉机进行覆盖。美国小拱棚和地面覆盖面积达3万hm^2，法国约1万多hm^2，比利时、西班牙也在1 000 hm^2以上。为了适应机械化操作，提高温室的生产效益，温室逐渐向大型化发展。荷兰德克尔英和本斯特兰两个大型温室生产中心，面积为1 350hm^2和2 400hm^2，占全国温室面积的一半以上，每栋温室的面职一般为20hm^2。保加利亚的斯巴尼丘勃农场由4栋温室组成，每栋温室面积为5hm^2。

大棚的结构多种多样，最基本的仍为拱圆型、尖拱型和屋脊型，也有多边抛物线屋顶大棚，圆形（蒙古包式）大棚、群马大棚、马驹型棚、双架双层棚以及双层薄膜充气棚等。大棚的建造有单栋，也有连栋。据一些国家反映，连栋大棚的优点是加温成本低，用电风扇通风效果好，适于机械耕作，便于防治病虫害。也有些国家认为，连栋数量多时，产量较低。目前，连栋大棚的型式和材料很多，从成本较低的木材骨架、到技术要求很高的综合材料结构的大棚都有，如用钢材和轻金属建造的，也有用铝合金的轻型骨架做成装配式的。

国外大棚、温室的发展，很重视塑料薄膜的地面覆盖。1978年春天，有日本朋友介绍了日本塑料大棚地面覆盖的情况，几乎达到了100%，露地蔬菜生产也大力推广地面覆盖。

地面覆盖有五大好处：一是保温，能提高土壤温度3～5℃，加速土壤微生物活动，植物易于吸收，并有改善土壤理化性质的作用。由于地温提高，可以提早定植。二是保水，土壤水分蒸发不出来，内部循环，使土壤处于水分均衡湿润状态，一般可提高保水能力10%。这样，就减少了灌水次数，既节约用水，又不致造成土壤板结，增加透气性，根系吸收加快。三是保肥，施入土壤中的氮肥，氨容易挥发，通过地面覆盖可减少损失，一般能节约20%。四是防病，由于使土壤和外界空气隔开，减少了病虫害对根部侵害的机会。五是除草，地面覆盖可以抑制早期杂草的生长。

总之，地面覆盖一般可提高单产30%～50%（有的可增加2倍），品质改良，果型加大，一举多得，费用省、效果大。地面覆盖材料，一般使用厚度为0.02mm的薄膜，只是扣棚薄膜厚度的1/5，一般每亩用15～20kg即可。

二、塑料大棚的结构

（一）塑料大棚的结构类型

以下4种是当前使用广泛的塑料大棚结构类型。

1. 双层钢筋无支柱结构　将16mm粗（Φ16mm）、13.4m长的钢筋弯成跨度为10m、中高2.65m的拱型做外圈；用14mm粗（Φ14mm）钢筋弯成跨度为10m、中高2.5m的拱形做内圈。内外圈间距15cm，中间用10mm（Φ10mm）钢筋电焊；联接成拱架，就是双层钢筋无支柱结构（图3-1）。

2. 无支柱铁管结构　用3cm粗、13.4m长铁管，弯成10m跨度、中高2.5m的拱形架，拱架内侧中间最高点，焊接铁环，距中间最高点两侧各2.5m处焊接铁环，将纵向拉杆与铁环联结牢固形成一体，即成为铁管无支柱结构。

3. 五支柱竹木结构　将13.4m长竹皮，由中间点与事先埋好的中支柱（2.5m高）绑扎结实，再将竹片逐个按次序与侧柱、外侧柱和斜支柱联接牢固，两头埋在地下打夯结实，即成五支柱竹木结构。

4. 三支柱秫秸把（高粱秆把）**结构**　将秫秸7～8根，用铁丝螺旋形缠绕，扎成6cm粗、8m长秫秸把，在中间点与事先埋好的5m高秫秸把

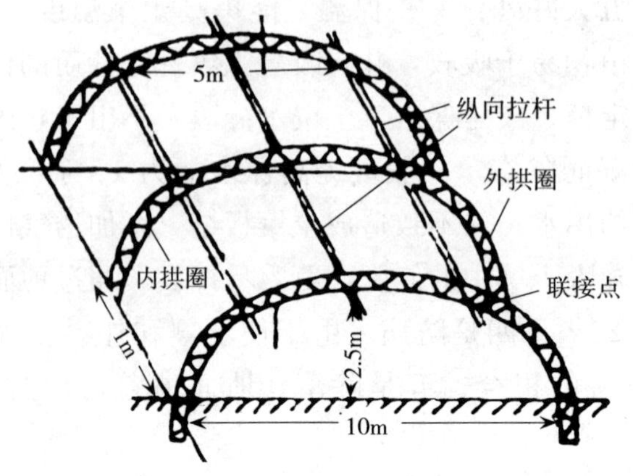

图 3-1　双层钢筋骨架大棚

中柱顶端联结牢固，按次序与侧支柱、斜支柱联接成一排架，用秫秸把纵向与每排支柱联结成一个整体，即成为三支柱秫秸把结构。

（二）棚面弧度与高跨比

提高大棚的抗压强度（抗风、抗雨雪），是建造大棚的关键。要想达到塑料薄膜大棚遭风雪侵袭不变形、不破损，主要决定于骨架的材质（材料质量）、压膜线牢固程度和薄膜质量。除此外，还与棚面弧度和高跨比例直接相关。材质受经济条件限制，但棚面弧度、高跨比例，是设计施工能解决的易事。棚面的面积与棚内地面的面积之比称为比面，比面大的棚，也是较高的棚。所以，比面越大，保温性能越好。但在实际应用中不是越高越好，应考虑抗风、抗雪压等问题，在一定范围内适当增加高度。

塑料大棚的不同结构，具有不同的性能。有不同材料的结构，也有相同材料的不同结构，应根据当地条件选定最佳结构的大棚。

三、塑料大棚的性能

（一）塑料大棚的光照条件

1. 光质和光照时数　塑料大棚内的光质与外界不同，主要决定于塑料膜对各种光的透射率（表 3-1），故棚内光质与露地不同。材质较好的塑料膜可见光透射率较高（紫、青、绿、黄和红等色光均为可见光）。红、黄两色光对蔬菜光合作用最有效，植物器官形成离不开蓝紫光，绿光能使植物茎部伸长，短波长光线又有防徒长作用，调节植物体各部位生长平衡。红外光（长波光）热量最大，是热的源泉，大棚内的温度高，是与红外光（长波光）透射率高有直接关系的。

表 3-1　塑料薄膜与玻璃的光线透射率

光质	波长（μm）	聚氯乙烯（%）	醋酸乙烯（%）	聚乙烯（%）	玻璃（%）
紫外线	0.3	20	80	60	0
	0.32	26	31	63	46
可见光	0.45	86	82	71	80
	0.55	87	85	77	84
	0.65	88	86	89	88
红外线	1	93	90	88	91
	1.5	94	91	91	90
	2	93	91	90	90

塑料大棚与节能日光温室不同之处，是没有室（棚）外保温设施。每天光照时数与露地相近，不论天气阴晴，只要露出太阳，棚内就会见到阳光。因此，光照时数明显的多于节能日光温室。由于阳光射入塑料薄膜的透射率不同，棚面角对阳光还产生折射、反射等损失光。所以，大棚内光照强度比露地弱，但对蔬菜育苗不会产生太大影响。

2. 塑料大棚内的光照强度　塑料大棚内的光照强度，除受纬度、季节等因素影响外，还与薄膜种类、厚度、大棚方向、棚面角及结构有关。透明膜、无滴膜、比较薄的膜、新膜和无色膜透光性好。不透明膜、有色膜、比较厚的膜和旧膜，透光性较差。假如露地光照强度为100%，新透明膜的透射率达90%，旧薄膜透射率为73%～88%，污染的旧膜透射率为71%～81%。塑料大棚内的光照度，比节能日光温室内的光照度强，比露地弱。光照度与大棚的关系大体可分三点：

（1）透射率与大棚方向有关。南北向（长）的大棚受光均匀，在3月以后，比东西向（延长）的大棚透光率高6%～8%。在冬季（10月至翌年3月），东西向（延长）的大棚比南北向的大棚透光率高12%。用于秋延晚春提前栽培的塑料大棚以东西向（延长）为好。但考虑综合条件，多数大棚还是南北向。

(2) 大棚的结构与透光率。钢筋铁管结构无支柱大棚，棚内遮阳面小，透光率高。竹木结构的大棚每米一排支柱，遮阳面大，透光率低。

(3) 塑料大棚里各部位的光照强度。大棚内各部位光照度不均，有一定的光差。从大棚顶部垂直向下的光差较大，高处（接近棚顶处）光照较强，向下逐渐减弱，地面处的光照度最弱。从大棚内水平方向来看，大棚内水平光照度比较均匀，各部位光照强度只差1%左右。

（二）塑料大棚的温度条件

塑料大棚升温性能与节能日光温室相近，但保温效果不及。如果大、小棚及地膜覆盖配套使用，则可不同程度地提高保护地段内植株的叶温和土壤温度。大棚内仅设小棚或地膜覆盖，对保护地内土壤的能量收支和增温作用所起的效果几乎相同，但小棚还可起到提高植株叶温的目的。因此，如果两种措施中只能选择一种，那么单从保温作用方面来看，采用小棚的作用更佳。地膜覆盖对土壤有明显增温作用，但对植物叶片无增温作用。在实际应用中，为了取得更好的保温效果，可在大棚内增设小棚并辅以地膜覆盖。白天，当太阳辐射较强时，可揭开小棚，以增加植物体和土壤所吸收的太阳能。夜间，可在小棚上增加草席等覆盖物，或在小棚内膜面上喷洒适量水滴，以增强向下的逆辐射，减少棚内植物和土壤的净热量损失。

第二节　节能日光温室

一、短后坡高后墙节能日光温室

20世纪80年代中期起，由于聚氯乙烯多功能膜的开发利用，人们从注意温室的保温转到了更多地注意到提高土地的利用率上，这样就在原有长后坡矮后墙的基础上，又形成了一种高后墙（1.8m以上）短后坡（1.5m左右，地面水平投影宽度1～1.2m）的塑料节能日光温室（李胜站，2009）。

这种温室由于加大了前采光屋面，缩短了后坡，提高了中脊，透光率和土地利用率明显得到提高。不但有利于作物的光合作用，也方便了室内作业。

据鞍山市园艺研究所测定，后坡投影为1.2m的温室，后坡下面的光照强度比长后坡温室增加 20%，对春夏季的果菜类蔬菜生产是有利的。但建造后墙用料多，用工量也大，夜间温度下降速度快，保温能力不如长后坡矮后墙的温室。由于采光面大，增温效果好，在冬季光照条件好的地区，只要墙体能达到一定的厚度，前屋面保温措施得力，白天室内温度比长后坡矮后墙的温室温度高，可以在一定程度上弥补夜间保温能力较差的不足。但遇有连阴天时，温室里的温度较难维持。

（一）普通全柱式节能日光温室——辽宁省鞍山市台安县冬用型节能日光温室

辽宁省鞍山市台安县，地处北纬 41°，冬季寒冷，但利用高后墙短后坡节能日光温室栽培越冬茬茄子取得成功，并获得了比较好的经济效益。目前，台安县已发展到 2 万多亩，成为北方茄子反季节栽培有影响的一个集中产地。

台安县节能日光温室跨度为 5.3m，脊高 2.4m，后屋面水平投影宽度 1.2m，后墙高 1.7m。前屋面拱圆形，用竹片做拱杆，由横梁腰柱和前柱支撑，前柱高 1.2m，腰柱高 2.0m。墙体厚度包括外加的防寒土共 1.2m。前底脚外侧设防寒沟。严寒冬季除覆盖草苫外，还覆有 8 层牛皮纸的纸被。这就保证了在冬季经常出现－20℃左右的低温条件下，在完全不加温时，茄子仍能基本正常地生长发育（图 3-2）。

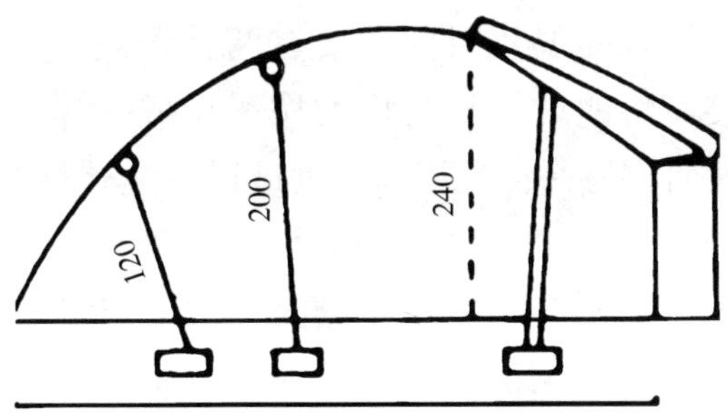

图 3-2　台安县冬用型节能日光温室（单位：cm）

这类节能日光温室由于立柱较多，作业不方便，也不便于扣盖中小棚防寒保温。所以，此后又在普通短后坡高后墙节能日光温室的基础上，发展起了前坡无柱式、全室无柱式等结构类型的土木结构以及砖石钢筋水泥结构等各式各样的节能日光温室。

（二）竹木结构加强架前坡下无柱式节能日光温室——辽宁省熊岳高等农业专科学校水果生产专用温室

辽宁省熊岳高等农业专科学校，根据节能日光温室生产反季节栽培水果的需要，设计了竹木结构的加强架式节能日光温室。这种温室的基本结构尺寸是跨度 7.5m，脊高 3.3m，后屋面水平投影宽 1.5m，后墙高 2.0m，女儿墙高 60cm。墙体为黏土砖夹心墙结构，里墙为 24cm 砖，外墙为 11.5cm 砖。内外墙间距 12.5cm，内填炉渣，内外墙抹水泥沙浆。其前坡使用的竹木结合的加强架结构基本与长后坡矮后墙温室中使用的竹木结构加强桁架相同，只是规格尺寸是根据这一类型的温室跨度设计的（图 3-3）。

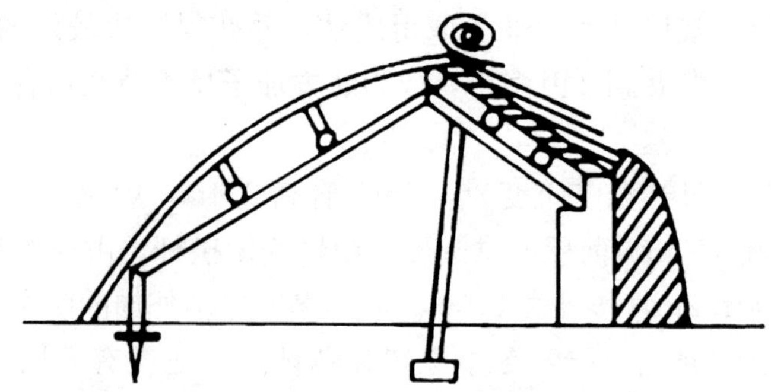

图 3-3　竹木结构加强架式节能日光温室

（三）全室无柱式节能日光温室

全室无柱式节能日光温室目前主要有两种形式，一种是钢筋水泥预制，或用钢筋焊接，将前坡拱架与后坡柁梁做成一体，上端固定在后墙上，下端固定在地面。另一种是用高强度硅镁等复合材料预制墙体、后坡和拱架组装。

1. 冀优Ⅰ型节能日光温室——琴弦全无柱式节能日光温室　这是河北省固安县研制的一种带钢加强架的琴弦式节能日光温室。其基本参数是：温室跨度 6m，脊高 3m；后墙高 2m，底宽 1m，上宽 0.8m；后坡仰角 40°，地面水平投影宽度 1m。前屋面每 3m 设 1 道加强架，加强架之间东西拉 17 道 8 号铁丝，呈琴弦状。每 2 个加强架之间设 5 道竹拱，靠琴弦式铁丝支撑成拱圆形，主采光屋面角为 25°～30°。室内栽培畦比外面自然地面低 30cm。

加强架上下弦均为直径 20mm、壁厚 2mm 的薄壁管。上弦 8m，上下弦间距 16cm，用 Φ8 钢筋做拉花。在梁脊下至底脚处加焊 1 根直径 2cm、长 2.5m 的钢管为加强筋，进一步增强加强架的抗荷载能力。加强架除上述与上弦连接的 17 道铁丝之外，在下弦还有均匀分布的 4 道铁丝以加固加强架。铁丝均与两山墙外的地锚连接（图 3-4）。

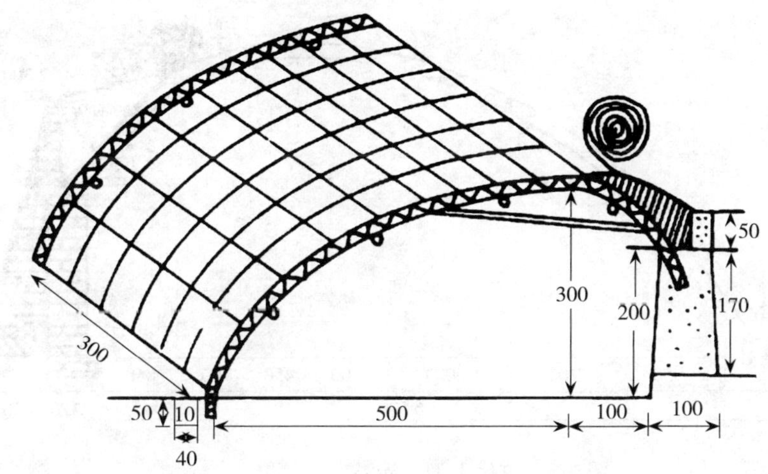

图 3-4 冀优Ⅰ型节能日光温室（单位：cm）

该温室采光较好，保温也不错，但反复设置的铁丝不仅加大了投资，也增加了施工的麻烦。

2. 冀优Ⅰ型节能日光温室——钢筋水泥预制骨架全室无柱式节能日光温室 冀优Ⅰ型，是由唐山市古冶区蔬菜试验场研制的钢筋水泥预制件，全无柱拱梁式节能日光温室。其主要结构参数是：后墙内外分两部分，内墙高 1.5m，后墙外高 2.3m；温室跨度 6.5m，脊高 2.73m；后坡在地面水平投影宽 0.85m；中脊向地面垂线的交点距后墙内侧 1.55m；栽培畦在自然地面以下 20cm。温室前拱与后坡梁预制为一体，全长 8.1m，宽 45cm，厚9～18cm，内含 Φ5 冷拔丝 3 根，用 250 号混凝土浇筑，重 115kg。钢筋混凝土拱梁每 1.3m 安装 1 个，上端固定在后墙内墙顶部的圈梁上，下端用水泥沙浆固定。东西方向用 4 道直径 4cm 以上的木杆做横拉杆，并用 8 号铁丝与拱梁连接固定。安装后，前拱与地面形成的主采光角 24°，后坡仰角 45°。后坡底铺水泥板或木板等，上放锯末或炉渣、柴草等，其上再覆盖 1 层塑料薄膜，尔后抹草泥。前屋面覆盖聚乙烯塑料薄膜，夜间用宽 2.3m、长 7.5m、厚 4cm 以上的苇箔或蒲草、稻草苫双层覆盖（图 3-5）。该型温室采光较好，1 月温度一般不低于 8℃。室内土地利用率高，便于操作，寿命 15 年以上。缺点是温室造价高，夜间对覆盖保温材料要求比较严格。

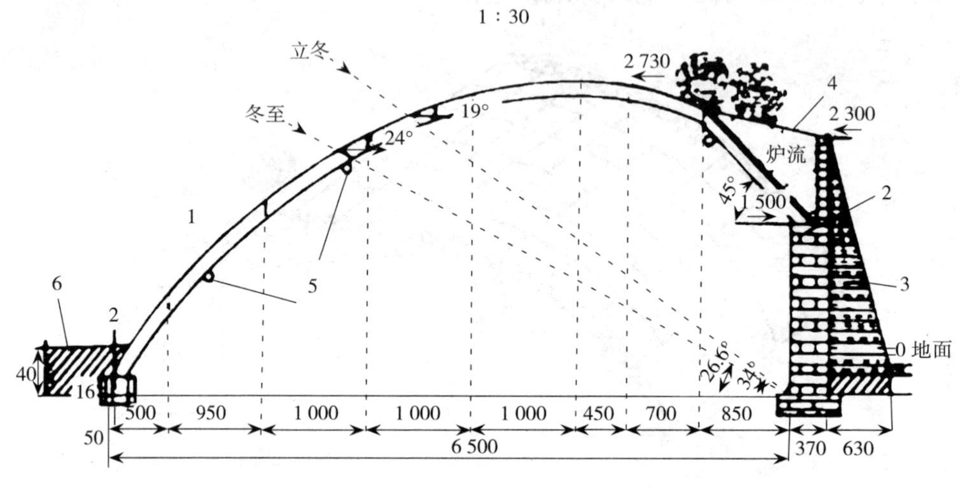

图 3-5　冀优Ⅰ型日光温室（单位：mm）

1. 拱梁　2. 水泥座　3. 后墙　4. 后坡　5. 横拉杆　6. 防寒沟

3. 钢结构全无柱式节能日光温室——鞍Ⅰ型节能日光温室　鞍Ⅰ型节能日光温室是鞍山市园艺研究所设计的一种无柱式结构的节能日光温室（刘在明，2007）。跨度 6m，中脊高 2.7～2.8m，后墙高 1.8m，后屋面水平投影宽度 1.4m。墙为砖砌空心墙，内填珍珠岩 12cm 厚。前、后屋面为钢结构一体化半圆拱架，上弦为直径 4cm 的钢管，下弦为∅10～∅12 的圆钢，腰杆（拉花，下同）为∅8 的圆钢。后屋面仰角 35°，从下弦面起向上填充农作物秸秆，中脊与后墙上的女儿墙之间铺秸秆，抹草泥，上面再覆盖柴草或秸秆、形成泥土和作物秸秆复合的后坡，厚度 60cm（图 3-6）。

前屋面半拱圆形，下、中、上 3 段与地面的水平夹角分别为 60°→30°、30°→20°、20°→10°，其抗荷载设计能力为 300kg/m^2。这种温室已在辽宁的鞍山、沈阳、大连以及吉林、陕西、北京、内蒙古、西藏等地推广约4 000余亩。

砖石钢筋水泥结构的全无柱式节能日光温室透光率高，作业方便，结构坚固，不需每年维修，还有利于在室内设置天幕、扣中小棚等进行二次覆盖。但一次性投资大是其不足，保温性能也不很理想。所以，节能日光

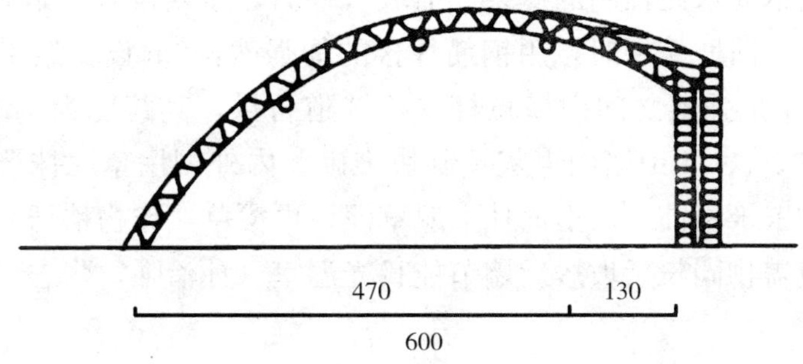

图 3-6　鞍Ⅱ型日光温室（单位：cm）

温室中只占极少一部分，大、中城市郊区才有建造和使用。

4. 组装式全室无柱式节能日光温室——硅镁复合节能型节能日光温室　硅镁复合组装式节能日光温室是采用 20 世纪 90 年代的新型材料——高强度硅镁复合材料，对温室的墙体、后坡、拱架和作业间进行了分解预制，使用时一次性安装而成。温室的标准设计长度为 102m，但可根据情况调整。跨度分 8.5m、7.32m、6.8m 和 6.3m 几种规格。脊高有 4.5m、3.2m、3m 和 2.8m 4 种型号。附设作业间 $9m^2$。透明和不透明覆盖保温材料与一般温室相同，可由使用者自己选定（明月，2007）。

该温室除了采用高强度的硅镁复合材料以外，还采用了薄壳设计，用于空气和优质隔热材料做阻热介质，温室温度的均衡性有了明显改善。该温室在北京地区使用时，室内外温差可达 25℃。日间外温在－10℃左右时，晴天时最高气温可达 34℃；清晨外温－16℃时，室内可保持在 9～10℃。这种温室同时具有不怕水浸腐蚀和耐低温的优点，使用寿命为15～20 年。另外，该温室的设计新潮大方，能与园林景观融为一体。

二、长后坡无后墙节能日光温室

现以永年Ⅰ型节能日光温室的结构尺寸为例，介绍这一类型的节能日光温室。

无后墙温室采取了加长后坡的办法，每 2.4～2.5m 设置 1 个坡梁（柁），用钢筋水泥预制的 4m 长坡梁，下端直接触地，在距上端 80cm 处用中柱支撑。中柱长 2.5～2.6m，埋入土中固定后，地面以上净高 2.1m，向北倾斜 10°～12°。坡梁垂直距地 2.7m 左右，其上固定原木的脊檩，以下摆放 4 道钢筋水泥预制的檩条。前坡有柱时，东西设置 3 道腰檩，用 3 排立柱支撑。前坡无柱时，用钢筋焊接的加强架，3m 设 1 架来支撑 3 道横拉杆。2 个加强架之间由横拉杆支撑 3 道竹拱，其跨度为 7m。各部结构尺寸见图 3-7，两山墙用煤灰预制块堆砌，内外侧用草泥抹严。后坡也是用成捆的玉米秸铺放，上面抹 2 遍草泥，再覆草或作物秸秆。前坡透明和不透明覆盖物同长后坡矮后墙节能日光温室（孙治强，张志录，2012）。

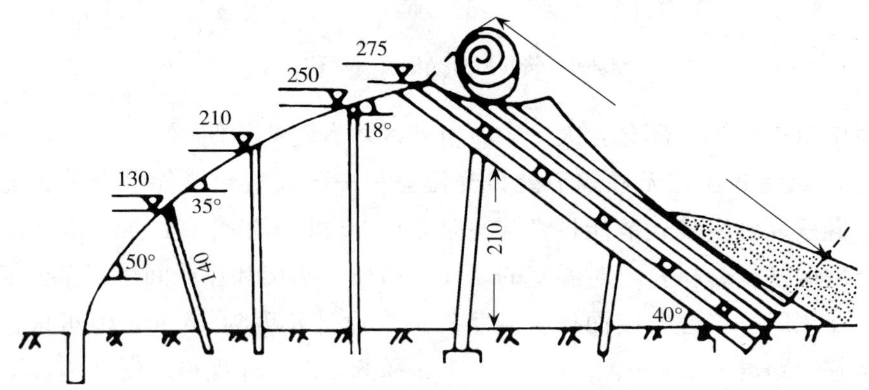

图 3-7　永年Ⅰ型（长后坡无后墙）节能日光温室（单位：cm）

这一结构类型的节能日光温室由于无后墙坍塌的情况，后坡的整体牢固性好，泥土和柴草可以从地面基本不受限制地堆起，温室的保温性能进一步得到提高，所以也被群众选作一般地上使用。在使用中，通过温室起土，在坡梁的下面堆起一个高 60 多 cm 的墙。

三、无后坡节能日光温室

无后坡日光温室是 20 世纪 70 年代由辽宁省兴起的。由于当时松木和玻璃紧缺，塑料薄膜在国内已开始应用。已有的温室玻璃损坏后修补有困难，已有人开始用塑料薄膜来替代玻璃做透明覆盖物，形成了塑料薄膜节能日光温室。当时为了降低造价，没有设后屋面，在后墙上直接装骨架，构成无后坡温室（图 3-8）（张志录，2012）。

无后坡节能日光温室的后墙和山墙一般为砖砌，也有用泥筑的。有些地区则借用已有的围墙或堤岸做后墙，建造无后坡的温室。无后坡温室骨架多用竹竿构筑，也有用钢管、钢筋或早强水泥预制的拱架。山西省阳泉

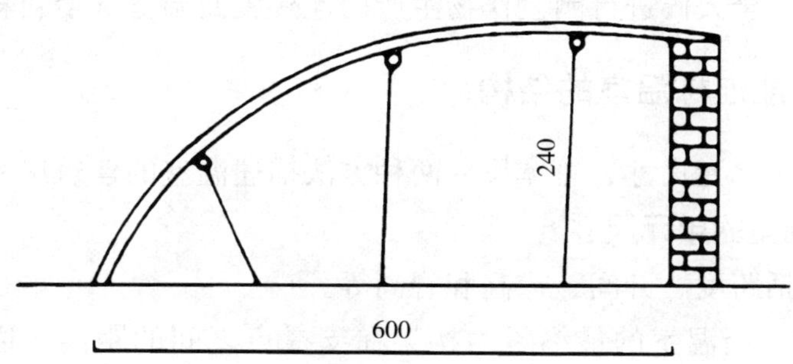

图 3-8　无后坡日光温室（单位：cm）

市用 GRC 早强水泥拱架，借助丘陵地的山势，建造了一批阶梯式无后坡节能日光温室。既充分利用了土地资源和地域小气候条件，又节省了建材（图 3-9）。

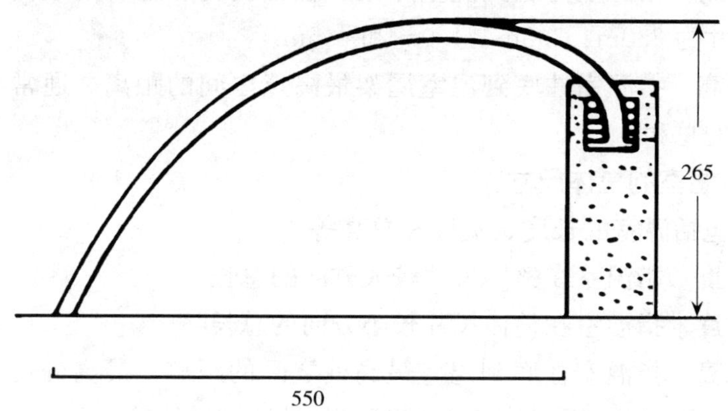

图 3-9　山西省阳泉市山地无后坡日光温室（单位：cm）

无后坡节能日光温室在 20 世纪 70 年代末到 80 年代初有了一些发展，但经过生产实践，发现这种温室晴天的白天升温快，夜间降温也快，保温困难，尤其遇有连阴天，很难控制温度的锐降，所以是一种典型的春用型节能日光温室。

第三节　智能连栋温室

一、智能连栋温室概念

智能连栋温室主要是指大型的，环境基本不受自然气候的影响、可自动化调控、能全天候进行园艺作物生产的连接屋面温室（李莉莉，2012）。

二、智能连栋温室的结构

温室采用单元尺寸、总体尺寸两种方法描述温室的建筑尺寸。

（一）温室的单元尺寸

主要包括跨度、开间、檐高和脊高等。

1. 跨度 指温室的最终承力构架在支撑点之间的距离。通常，温室跨度规格尺寸为 6.0m、6.4m、7.0m、8.0m、9.0m、9.6m、10.8m 和 12.8m。

2. 开间 指温室最终承力构架之间的距离。通常开间规格尺寸为 3m、4m、5m。

3. 檐高 指温室柱底到温室屋架与柱轴线交点之间的距离。温室檐高规格尺寸为 3.0m、3.5m、4.0m 和 4.5m。

4. 脊高 指温室柱底到温室屋架最高点之间的距离。通常为檐高和屋盖高度的总和。

（二）温室的总体尺寸

主要包括温室的长度、宽度和总高等。

1. 长度 指温室在整体尺寸较大方向的总长。

2. 宽度 指温室在整体尺寸较小方向的总长。

3. 总高 指温室柱底到温室最高处之间的距离，最高处可以是温室屋面的最高处或温室屋面外其他构件（如外遮阳系统等）。

自然通风温室通风尺寸不宜大于 40m，单体建筑面积宜在1 000～3 000m^2；机械通风温室进（排）气口的距离宜小于 60m，单体建筑面积在3 000～5 000m^2。

（三）温室结构的承重体系

包括立柱、屋架结构、屋盖结构、檩椽结构。

1. 温室屋盖结构 承担外界作用的部位，按照屋面的传力形式，温室屋盖结构可分为："有檩体系"：荷载→采光材料→椽条→檩条→屋面结构。"无檩体系"：荷载→屋面梁或天沟。

2. 温室屋架结构 屋面梁与立柱一起，组成了温室结构的主要承力系统。

（1）桁架式屋架结构：跨度在 8.0～12.0m，最大 15.0m。

（2）组合式屋面梁：常用于跨度大于 12.0m 的温室结构中。

3. 门式钢架结构　由实腹式屋面梁结构与柱共同组成的承力结构，屋面梁与柱的节点通常采用钢界的形式连接。

三、典型的智能连栋温室结构形式

1. 芬洛（Venlo）**型温室**　芬洛型温室的主要特点（彩图 3-1）：

（1）透光率高。由于其独特的承重结构设计减少了屋面骨架的断面尺寸，省去了屋面檩条及连接部件，减少了遮光，又由于使用了高透光率园艺专用玻璃，使透光率大幅度提高。

（2）密封性好。由于采用了专用铝合金及配套的橡胶条和注塑件，温室密封性大大提高，有利于节省能源。

（3）屋面排水效率高。由于每一跨内有 2～6 个排水沟（天沟数），与相同跨度的其他类型温室相比，每个天沟汇水面积减少了 50%～83%，

（4）使用灵活且构件通用性强。

2. 里歇尔（Richel）**温室**　法国瑞奇温室公司研究开发的一种流行的塑料薄膜温室，在我国引进温室中所占比重最大。一般单栋跨度为 6.4m、8m，檐高 3.0～4.0m，开间距 3.0～4.0m，其特点是固定于屋脊部的天窗能实现半边屋面（50%屋面）开启通风换气，也可以设侧窗，屋脊窗通风，通风面为 20%和 35%，但由于半屋面开窗的开启度只有 30%，实际通风比为 20%（跨度为 6.4m）和 16%（跨度为 8m），而侧窗和屋脊窗开启度可达 45°，屋脊窗的通风比在同跨度下反而高于半屋面窗。

3. 卷膜式全开放型塑料温室　温室除山墙外，顶侧屋面均可通过手动或电动卷膜机将覆盖薄膜由下而上卷起，达到通风透气的效果。可将侧墙和 1/2 屋面或全屋面的覆盖薄膜全部卷起成为与露地相似的状态，以利夏季高温季节育苗。由于通风口全部覆盖防虫网而有防虫效果，我国国产塑料温室多采用这种形式。其特点是成本低，夏季接受雨水淋溶可防止土壤盐类积聚，简易、节能，利于夏季通风降温。

4. 屋顶全开启型温室　最早是由意大利的 Serre Italia 公司研制的一种全开放型玻璃温室，近年在亚热带地区逐渐兴起（彩图 3-2）。其特点是

以天沟檐部为支点，可以从屋脊部打开天窗，开启度可达到垂直程度，即整个屋面的开启度可从完全封闭直到全部开放状态。侧窗则用上下推拉方式开启，全开后达 1.5m 宽。全开时可使室内外温度保持一致，中午室内光强可超过室外，也便于夏季接受雨水淋洗，防止土壤盐类积聚。其基本结构与芬洛型相似。

5. 胖龙—薄膜连栋温室 薄膜温室属于连栋温室中造价比较低的类型，此项目的前期投入较小。但是，由于薄膜老化等原因（薄膜一般质保 3 年），存在薄膜定期更换的问题，所以，建这种温室后期会有持续投入（彩图 3-3）。

薄膜连栋温室有单层薄连栋温室和双层充气膜温室，单层膜连栋温室主要以单层塑料和为覆盖材料，有拱顶和尖顶两种。单层膜连栋温室采用热镀锌钢骨架结构装配，防腐防锈，温室内部操作空间大，便于机械化作业，而且温室采光面积大，新膜透光率可以达到95%。由于是单层薄膜覆盖，所以保温冬季保温性能相对较差，北方地区冬季运行成本太高。但单层膜连栋温室造价低，冬季在南方地区适当补温就可以四季使用。

双层充气膜温室通过用充气泵给两层薄膜之间充入一定量空气，温室内与外界形成一层隔热层，从而在温室内形成一个小环境，将温度和湿度等控制在一定的范围内，保证作物正常生长。这种温室采光好，保温性优，节能经济适用。

针对于不同的地域、不同的种植方式、可选择多种温室户型：跨度有 6.4m、8m、9.6m，肩高为 2.2～6m，开间有 1.9m、4m、4.5m 和 5m。

6. 双层活动屋面温室 双层活动屋面温室大棚是一种新型保护地栽培设施，其屋面采用双层活动结构：内层为具有遮阳功能的遮阳膜；外层为具有保温防雨功能的高强可折叠膜。该类型温室结合了温室、遮阳棚和网室等的优点，可在任何时间、季节内根据具体的天气条件开闭不同的屋面或侧墙，为作物栽培创造最佳的环境条件，最大限度地利用光、热等自然资源，节省能耗，增加种植品种，提高作物的质量和产量。

该温室采用热镀锌钢骨架及部分铝合金零配件，顶高 4m，跨度 6m、8m，开间 3.25m、4.50m，侧窗高度 2m，温室平面形式可根据用户要求和地形条件按照 6m×3.25m 或 8m×7m 的单元尺寸进行组合。

四、智能连栋温室配套系统

（一）自然通风系统

1. 设计条件　排除温室内的余热，使温室内的环境温度保持在适于植物生长的范围内。排除温室内多余水分，使温室内的环境湿度保持在适于植物生长的范围内。调整温室内空气成分，排走有害气体，提高温室内空气的新鲜程度（彩图 3-4）。

2. 系统组成　顶开窗采用荷兰进口齿轮齿条推杆式驱动开窗，国产铝合金窗框，阳光板覆盖。窗户规格：2m×1m。

本系统包括控制箱、国产优质专用电机、传动部分和行程限位开关等组件。按下控制箱启动开关按钮，电机启动。电机通过传动机构驱动传动轴运转，传动轴通过连接组件带动齿条运动，天窗打开后触动行程限位器开关，电机停止，该行程运行结束。该控制箱备有手动控制，如需要中途停止，可以按下停止按钮，即可停止运行。

（1）电机参数。电源：380V，50Hz。电机功率：0.375kW。减速比：1∶700。输出转速：2r/min。

（2）齿条副技术参数。模数：4。材质：Q235 镀锌防腐。长度：1.0m 长直齿条。速比：1∶1。

（二）加热系统

1. 系统特点　采用热镀锌圆翼型翅片散热器与苗床底部热镀锌钢管散热器相结合均温升布置。以热水为热源，室温下降缓慢，散热均匀，不会对作物产生局部剧烈影响。管道、连接件及阀门采用防锈防腐材料制作。该系统具有热阻小、热效率高、安装方便、耐压高、不易滴漏和防腐能力强等优点，同其他形式采暖设施相比，采暖性能优越（彩图 3-5）。

2. 技术参数　室外温度－25℃，室内设计温度可达 18℃。供热系统的热水进出散热管温度：t_1＝95℃，t_2＝70℃。设计温升 43℃。

（三）幕帘系统

1. 内遮阳系统

（1）保温遮阳幕。选用内用优质缀铝保温遮阳幕（彩图 3-6）；50％遮阳率，50％节能率。规格：4.2m。寿命：厂家提供 5 年质保期，实际使用寿命 8 年以上。

①降温作用。夏季，利用保温遮阳幕能反射掉部分多余的阳光，并使阳光漫射进入温室既保证作物能够正常生长，又降低室内能量聚集，从而降低温室内温度，保护作物免受强光灼伤，并使室内温度下降 3～5℃。②保温作用。冬季，保温遮阳幕有阻止室内红外线外逸的作用，减少地面的辐射热量散失，从而提高室内温度，降低能耗，大大降低冬季温室运行成本。③调节遮阳率。通过选用不同的幕布或调节幕布的开合，可形成不同的遮阳率，以满足不同作物和人对阳光的需求。④保水保湿。遮阳保温系统还能阻止室内水汽无限制地外逸，有效保持空气湿度。

(2) 托幕线。选用斯文森优质内用托幕线。颜色：透明。直径：2.0mm×2.5mm。抗拉强度：250kg/f。断裂伸长率 8%。质量保证 8 年，使用寿命 10 年以上。

(3) 传动机构。使用进口齿轮、齿条，电机通过传动机构驱动传动轴运转，传动轴通过连接件带动驱动杆在幕丝上平行移动，驱动杆拉动幕布一端缓慢展开，全部展开后触动行程限位器开关，电机停止，该行程运行结束。控制箱备有手动控制，如需要中途停止，可以按下停止按钮，即可停止运行。

①电机参数。电源：380V，50Hz。电机功率：0.375kW。减速比：1∶700。输出转速：2r/min。②齿条副技术参数。模数：4。材质：Q235 镀锌防腐。长度：4.0m 长直齿条。速比：1∶19。

2. 外遮阳系统

(1) 遮阳网。选用博蔓外遮阳幕（彩图 3-7），遮阳率 70%，节能率 50%。寿命：厂家提供 5 年质保期，实际使用寿命 8 年以上。

(2) 托幕线。双层幕线选斯文森聚酯外用幕线。颜色：黑色。直径：2.0mm×2.5mm。抗拉强度：250kg/f。断裂伸长率 8%。质量保证 8 年，使用寿命 10 年以上。

(3) 传动机构。电机通过传动机构驱动传动轴运转，传动轴通过连接件带动驱动杆在幕丝上平行移动，驱动杆拉动幕布一端缓慢展开，全部展开后触动行程限位器开关，电机停止，该行程运行结束。控制箱备有手动控制，如需要中途停止，可以按下停止按钮，即可停止运行。也可实现计算机自动控制。

①电机参数。电源：380V，50Hz。电机功率：0.375kW。减速比：

1∶700。输出转速：2r/min。②齿条副技术参数。模数：4。材质：Q235 镀锌防腐。长度：4.0m长直齿条。速比：1∶1。

（四）补气系统

为了增加温室内空气的流通速度，以提高空气均匀度，增加湿度的均匀性，要安装优质专用内循环风机（彩图3-8）。

1. 功能　保证温室内温度的均衡；保证温室内相对湿度的均衡；保证温室内CO_2的均匀分布；降低空气湿度减少流滴现象；促进空气的流畅，作物生长更有利；低能耗，不会增加成本负担。

2. 环流风机性能参数　型号：SFG4-4全压、167Pa静压、80Pa电机功率：0.55kW。风量：5 300m^3/h。电压：380V。转速：1 450r/min。频率：50Hz。直径：420mm。

（五）计算机自动控制系统

采用“Auto-2000科研型温室控制系统”是在消化吸收“加拿大Argus温室控制系统”理论基础上，开发出的一套包含有“温室控制功能”、“气候室控制功能”、“环境数据采集与处理”和“无线短信报警功能”于一体的综合型温室控制系统（彩图3-9）。

1. 系统结构

（1）气象站。用于采集室外的环境参数（室外温度、室外湿度、室外光照辐射、风速、风向、雨雪信号和雨量）。

（2）温室控制器。用于对温室和气候室进行控制。

（3）短信报警模组（选配项）。采用短信方式对温室控制器的各种报警进行紧急发送。针对“温室群”做到“无人值守、应急报警、有人干预”的控制原则。

2. 检测能力、控制能力

（1）检测的数据。每台Auto-2000控制器设计有16个传感器通道，可以连接16个传感器。传感器类型包括：室内温度、室内湿度、室内光照强度、室内CO_2、土壤温度、土壤水分、水暖水温、水肥pH、水肥EC。

以上每种类型的传感器均可以同时配置多条，这样，一方面可以取平均值；另一方面，可以相互热备用，大大提高系统可靠性。

（2）扩展的适应性。每台Auto-2000均具有以上功能，因此，未来温室或气候室的任何设备的扩展均不需要进行额外的技术改造和资金投入。

第四章　主要蔬菜种类的现代化育苗技术

第一节　茄果类蔬菜

一、番茄育苗技术

番茄（*Lycopersicon esculentum* Mill.），又名西红柿、洋柿子，原产南美洲的秘鲁、厄瓜多尔和玻利维亚等安第斯山脉地区。为茄科番茄属，以成熟多汁的浆果为产品的一年生草本植物（白汝瑾，2007）。

环境条件上喜温不耐寒，种子发芽的适温为25～30℃，最低12℃。幼苗期白天适温20～25℃，夜间10～15℃。在栽培中往往利用番茄幼苗对温度适应性强的特点进行抗寒锻炼，可使幼苗忍耐较长时间6～7℃的温度，甚至短时间的0～3℃的低温。番茄根系生长最适温为20～22℃，9～10℃时根毛停止生长。提高地温不仅能促进根系发育，同时土壤中硝态氮含量显著增加，生长发育加速，产量增高。因此，只要夜间气温不高，昼夜地温都维持在20℃左右也不会引起徒长。

番茄喜充足的光照，幼苗期需要的适宜光照强度在20 000lx以上，光照补偿点为2 000lx，并喜欢肥沃疏松、透气性好的基质，pH在5.5～7.0为宜。

（一）番茄直播穴盘育苗技术

1. 穴盘选择　冬春季育2叶1心苗选用288孔苗盘，育4～5叶苗选用128孔苗盘，育6叶苗选用72孔苗盘。夏季育3叶1心苗选用200孔或288孔苗盘。

2. 基质准备　每100盘美国的288孔苗盘备用基质0.28m^3，韩国的288孔苗盘备用基质0.29m^3；美国的128孔苗盘备用基质0.37m^3，韩国的128孔苗盘备用基质0.45m^3；美国的72孔苗盘备用基质0.47m^3，韩国的72孔苗盘备用基质0.32m^3。

3. 基质配制　草炭∶蛭石＝2∶1或草炭∶蛭石∶废菇料＝1∶1∶1，

或者选用市场上销售的育苗基质直接使用，苗期短的情况下基本不需要再补充养分，一律用蛭石覆盖。

4. 肥料施用方法与施用量 冬春季配制基质时每立方米加入1∶1∶1氮、磷、钾三元复合肥2.5kg，或每立方米基质加入1.2kg尿素和1.2kg磷酸二氢钾，肥料与基质混拌均匀后备用。苗期3叶1心后，结合喷水进行1～2次叶面喷肥。夏季配制基质，每立方米加入1∶1∶1氮、磷、钾三元复合肥2.0kg。

5. 品种 目前，生产中所使用的番茄品种种类繁多，质量参差不齐。生产者对品种的选择一般是根据栽培地区气候特点、栽培茬口、栽培方式及市场需求进行。

（1）番茄品种的几种分类方法。①按类别分：杂交品种、常规品种。②按用途分：鲜食番茄品种、罐装番茄品种和加工番茄品种等。③按果色分：粉果番茄品种、红果番茄品种、黄果番茄品种、绿果番茄品种、紫色番茄品种和多彩番茄品种等。④按果型大小分：大果型番茄品种、中果型番茄品种和樱桃番茄品种等。⑤按果实形状分：扁圆形番茄品种、圆形番茄品种、高圆形番茄品种、长形番茄品种和桃形番茄品种等。⑥按果肩有无分：无肩番茄品种、绿肩番茄品种等。⑦按果实熟性分：早熟番茄品种、中熟番茄品种和晚熟番茄品种等。⑧按栽培茬口分：早春保护地品种、早春露地品种、越夏保护地品种、越夏露地品种、秋延保护品种和越冬保护地品种等。⑨按生长习性分：无限生长品种、有限生长品种（自封顶品种）。

（2）番茄优良新品种。

①国内品种。

（a）石家庄农博士科技开发有限公司：农博粉3号、农博粉5号、农博粉帝、农博粉钻、农博粉1026、农博红冠以及抗黄化曲叶病毒（TY病毒）系列的农博粉霸3号、农博粉霸15号、农博粉钻抗TY型、农博粉霸1316和农博粉霸1321等。

（b）西安金鹏种苗有限公司：金棚一号、金棚三号、金棚M6、金棚8号、金棚10号和金棚11号。

（c）西安市禾嘉种苗有限公司：金凯一号、丽媛等。

（d）浙江省农业科学院：浙粉201、浙粉202、浙粉702、浙粉301和浙粉502等。

(e) 中国农业科学院：中蔬4号、中蔬5号、中杂9号和中杂101等。

(f) 北京蔬菜研究中心：佳粉10号、佳粉15号、绿宝石和硬粉8号等。

(g) 东北农业大学：东农704、东农706和东农712等。

(h) 辽宁省农业科学院：辽粉杂3号、L402、辽园多丽、金冠5号和金冠8号等。

(i) 上海市农业科学院：申粉998、申粉918和申粉8号等。

(j) 上海菲图种业有限公司：瑞星1号、瑞星2号和瑞星5号等。

②国外品种。

(a) 荷兰：B158、T654、B336、B693、T526、百灵、格利、百利、格雷和劳斯特。

(b) 以色列：齐达利、忠诚、柯里特、尼瑞萨、梅里萨和瑞德莱特。

(c) 美国：LTP-905、CT-711。

6. 播种期 冬春季穴盘育苗主要为早春保护地生产供苗，山西太原地区定植期日光温室从1月下旬开始直到4月上旬结束（塑料大棚），故播种期从12月中旬到翌年1月中旬，视用户需要而定。夏季穴盘育苗是为秋大棚生产供苗，播种期在7月5～15日。

7. 播前种子处理 检测发芽率，选择种子发芽率大于90%以上的子粒饱满、发芽整齐一致的种子。播前用温汤浸种法浸泡，夏季播前用10%磷酸三钠处理20min，然后用清水将种子上的药液冲洗干净，风干后播种或丸粒化后再播种。

8. 基质装盘 预先将基质适度拌水，标准为手紧握有水滴、落地即散开，通常每立方米加水45kg。将基质装满穴盘，盘面用刮板刮平，一般每立方米基质可装72孔穴盘约280盘。穴盘周围适当封土或用塑料膜包严实码放，防止边缘失水过快。

9. 播种深度 72孔盘>1.0cm；128孔、200孔和288孔盘0.5～1.0cm。以浇水后各格室清晰可见为宜。播种时尽量深度一致，保证出苗整齐，播种后上盖蛭石，夏季覆无纺布，冬季覆膜。

10. 水分管理 水分管理是穴盘育苗能否成功的关键，穴盘苗应该是早晨浇透水，使基质持水量达到200%以上，下午对严重干旱的秧苗点、片补水；苗期子叶展开至2叶1心，水分含量为持水量的65%～70%；3叶1心至商品苗销售，水分含量为60%～65%。

11. 温度管理　摆放催芽室中（白天25℃，夜间20℃）3～4d，当苗盘中60%左右种子胚根伸出，即可将苗盘摆放进育苗温室。日温25℃，夜温16～18℃为宜。当夜温偏低时，考虑用地热线加温或临时加温措施，以免影响出苗速率和出现猝倒病。2叶1心后夜温可降至13℃左右，但不要低于10℃。白天酌情通风，降低空气相对湿度。定植前一周要对秧苗进行炼苗。

12. 病虫害防治　主要病害是猝倒病、立枯病、早疫病和病毒病。虫害为蚜虫、白粉虱。

（1）防治猝倒病、立枯病。播种前进行基质消毒，控制浇水，浇水后放风，降低空气湿度；籽苗期夜温不得低于10℃，发病初期喷洒百菌清、多菌灵和代森锰锌800倍液。

（2）防治早疫病。在播种前用福尔马林进行种子处理，发病初期喷施百菌清、代森锌和波尔多液。

（3）防治病毒病。在夏季高温干旱的条件下，加上蚜虫的危害，易发生病毒病。防治方法是播种前用10%的磷酸三钠浸种20min，取出冲洗干净。在苗期注意遮阳降温，保持土壤湿润。

（4）防治蚜虫。主要喷施乐果乳剂、功夫乳油、虫螨克和绿浪，还可用灭蚜乳油加上发烟剂进行熏烟，效果比直接喷药好。

（5）防治白粉虱。可喷施扑虱灵、功夫乳油、绿浪或1%溴氰菊酯施放烟剂，还可进行黄板诱蚜。

13. 补苗和分苗　一次成苗的需在第一片真叶展开时，抓紧将缺苗孔补齐。用72孔育苗盘育番茄苗，大多先播在288孔苗盘内，当小苗长至1～2片真叶时，移至72孔苗盘内，这样可提高前期温室有效利用率，减少能耗。

14. 苗龄与商品苗标准　番茄的壮苗标准是根深、叶茂、茎粗，叶色深绿，叶片肥厚；第一花穗已现大蕾；根系发达，侧根数量多；花芽肥大，分化早，数量多；节间短，呈紫绿色。春季商品苗标准视穴盘孔穴大小而异，选用72孔苗盘的，株高18～20cm，茎粗4.5mm，叶面积在

90～100cm²，达6～7片真叶并现小花蕾，需60～65d苗龄；128孔苗盘育苗，株高10～12cm，茎粗2.5～3mm，4～5片真叶，叶面积在25～30cm²，需苗龄50d。夏季苗龄需20d，株高13～15cm，茎粗3mm，叶面积30～35cm²。无病虫害，无机械损伤。

15. 商品苗销售 商品苗达到上述标准时，其根系将基质紧紧缠绕，当苗子从穴盘拔起时不会出现散坨现象。用户取苗时，可将菜苗层层排放在纸箱或筐里，如果取苗前浇透水，穴盘苗可远距离运输，其定植成活率可达100%。

（二）番茄劈接法穴盘育苗技术

随着番茄栽培面积逐渐扩大，因连作而产生的土传病害呈逐年上升趋势。危害严重的地块无法正常收获成熟的果实，严重地制约了番茄的生产，目前，多采用选育抗病品种以及利用抗病砧木嫁接等方法来提高其抗病性。下面将番茄劈接穴盘育苗技术总结如下：

1. 砧木、接穗的筛选 不同的砧木特性各不相同，抗病增产效果也有差别。目前，国内报道的砧木品种比较多，主要有两大来源：一是直接从国外引进，二是从野生番茄中筛选出来的，根据抗病性的要求选择不同的砧木，接穗应根据市场需求以及和砧木的亲和性来选择。

目前，生产上使用的砧木品种主要有：BF兴津101、LS-89、PFN、KNVF、大维番茄根砧、久留大佐和果砧一号等。

接穗选择生产上主栽品种，设施栽培还要考虑TY病毒病的抗性。

2. 砧木穴盘的选择 根据嫁接方法和嫁接时期的不同，可采用不同规格的穴盘育苗。夏季育苗一般选择单穴体积小的72孔苗盘；在冬季或早春为了使番茄提早成熟，可选用单穴体积较大的50孔或40孔穴盘。

3. 砧木基质的配制 将草炭、蛭石以及珍珠岩以3∶1∶1的比例充分混匀配成基质，且基质中掺2～3kg的优质进口复合肥，并加入50%多菌灵可湿性粉剂180g消毒。基质用量按1 000盘嫁接苗计算，72孔苗盘约需4.7m³基质，50孔约需5.8m³基质。

4. 接穗播种育苗 与自根苗相比，嫁接苗要适当提早3～5d播种，以便于嫁接后伤口的愈合。其播种育苗同常规育苗。

5. 砧木播种育苗 砧木品种要比接穗品种早播3～5d，将砧木种子播在装有基质的育苗盘内，每盘均匀撒播 8g，并撒少量 75%百菌清可湿性粉剂，浇透水，再覆盖少量基质，平放在育苗大棚内。夏季须覆盖多层遮阳网育苗；冬春季低温时，可用电热线加温并采用多层膜覆盖等措施来保温。种子发芽后，如基质较干，可浇少量水。待子叶平展后将其移至穴盘内，一孔一株。育苗时，育苗场所温度白天控制在 25℃左右，夜间16～18℃为宜。高温季节以降温为主，特别注意防止夜间高温使幼苗徒长；若发生连续夜间高温现象时，应适当控水，清晨喷淋浇水即可。冬季夜间温度过低时，可采用多层膜覆盖技术，在温室内搭设中棚、小拱棚来保温，当温室内夜温低于 13℃，可用电热线加热提高温度。

6. 嫁接　当砧木有 5～6 片真叶、接穗有 4～5 片真叶时进行嫁接。用劈接法嫁接时，要使砧木与接穗的形成层对准，才能提高成活率。

7. 嫁接苗管理　番茄嫁接后，愈伤组织形成期的温度、湿度管理很重要。白天温度应控制在 25～28℃，夜间 15～20℃，相对湿度在 95%以上，特别是在嫁接后的前 3～5d。在夏季要注意遮光，并保持温湿度，冬季要适当提高棚内温度，使接口尽快愈合。待接口愈合后，逐渐降温、降湿和增加光照时间，并将砧木上的萌芽全部除去，以利于嫁接苗的成活。嫁接成活后，应及时检查存活率，并尽快进行补苗，以利于嫁接苗的集中管理，提高单位面积的商品苗数量。

8. 病虫害防治　嫁接番茄苗的主要病害有叶霉病、灰霉病和早疫病等，虫害主要有温室白粉虱、蚜虫和斑潜蝇等，防治方法同常规育苗期管理。

二、茄子育苗技术

茄子（*Solanum melongena* L.）是茄科茄属，以浆果为产品的一年生草本植物，起源于亚洲东南热带地区，印度最早驯化，现仍有野生种和近缘种。中国为第二原产地，自古栽培（谭俊杰，1982）。

环境条件上喜温耐热，种子发芽的适宜温度是 14～32℃，低于 25℃发芽缓慢，且不整齐，苗期生长的适宜温度白天 25～30℃，夜间 20～25℃，低于 17℃时生长不良，喜光耐强光，比番茄、辣椒耐强光，苗期需要 30 000lx 以上为佳，补偿点为 3 000lx，要求基质疏松，透气性好，pH 在 5.5～6.5 为宜。

（一）茄子直播穴盘育苗技术

1. 穴盘选择 育2叶1心苗用288孔穴盘，4～5叶苗用128孔穴盘，5～6叶苗用72孔穴盘。

2. 基质准备 茄子一般采用草炭与蛭石3∶1，或草炭与蛭石加废菇料1∶1∶1，覆盖料一律用蛭石，既能保湿，通气性又好，利于发芽。或商用穴盘育苗专用基质，从基质生产厂家购买，但成本相应较高。

3. 肥料施用 在配制育苗基质时应考虑加入适量的大量元素，按每盘基质中加尿素6g、磷酸二氢钾8g、腐熟鸡粪40g，将肥料与基质混拌均匀后备用。幼苗3叶1心后，结合喷水进行2～3次叶面喷肥。

4. 基质装盘 将基质按预定比例混合均匀，加水搅拌，装入穴盘，表面用木板刮平。而后将装好基质的7～10个穴盘叠放在一起，最上面放一个空的穴盘，用双手摁住最上面的育苗盘向下压，让上边穴盘的底部在其下面穴盘基质表面的相应位置压出深约0.5cm的凹穴。

5. 播种和催芽 茄子种子发芽较慢，种子播前须检测发芽率，所用种子发芽率应在90%以上。高质量的种子可以直接播种，种子质量不太好时冬春季节最好采用温汤浸种的方式，也可用0.1%高锰酸钾溶液浸种10min，用清水冲净后催芽然后播种，播种时种子深度1cm左右。

6. 苗床管理 苗床温度白天保持在22～25℃，夜间15～18℃。苗床管理的具体温度见表4-1。出苗后及时除去覆盖物，防止幼苗徒长。当幼苗长到2片真叶时，及时间苗，当苗高15～20cm时，每穴留1株健壮幼苗，多余的幼苗用剪刀从茎基部剪断。注意调节温、湿度，尤其要保证光照充足，防止徒长。整个育苗期要注意防治病虫害和进行苗期锻炼。主要病虫害防治的选药用药技术见表4-2。

表4-1 苗期温度管理

时期	日温（℃）	夜温（℃）	短时间最低夜温不低于（℃）
播种至齐苗	28～30	20～25	15
齐苗至分苗前	22～28	15～18	10
分苗至缓苗	28～30	23～25	13
缓苗后至定植前	22～25	15～18	10
定植前5～7d	18～20	10～15	8

表 4-2　主要病虫害防治表

主要防治对象	农药名称	使用方法
猝倒病	代森锰锌	500 倍液喷雾
	多菌灵	500 倍液喷雾
立枯病	70%敌克松	800 倍液喷雾
	10%立枯灵	500 倍液喷雾
斜纹夜蛾	速灭杀丁	500 倍液喷雾
蚜虫	10%吡虫啉	2 000～3 000 倍液喷雾
	5%蚜虱净	2 000 倍液喷雾

茄子精量播种时，一般出苗率只有 60%～70%。为此，对一次成苗的，需在第一片真叶展开时，将缺苗孔补齐。考虑茄子补苗的工作量，所以在用 72 孔穴盘育茄苗时，大多是先播种在 288 孔苗盘内，当小苗长至 1～2 片真叶时，再移至 72 孔苗盘内。

（二）茄子嫁接苗穴盘育苗技术

随着日光温室茄子产业的发展，茄子种植面积不断扩大，相应在生产上出现了不少由于连作障害产生的病害，而茄子嫁接栽培有许多优点：黄萎病、枯萎病发生率低；产量高，较自根苗提高 40%以上；嫁接苗因砧木根系发达、长势强、株高及叶面积明显增加，对干旱、低温等逆境条件的适应性有所提高；始收期提早，采收期延长，产量提高。嫁接育苗成为茄子栽培中的重要环节，也是茄子早熟、高产和优质的重要手段（彩图 4-1）。

1. 优良砧木和接穗品种选择　砧木品种目前生产上使用的主要是托鲁巴姆，每公顷用种量 150～225g。该砧木的主要特点：抗 4 种病虫害，即黄萎病、枯萎病、青枯病和线虫病，基本达到主抗或免疫程度；植株长势极强，根系发达，粗根较多，根系吸收水分、养分能力强；茎黄绿色粗壮，节间较长，叶片较大，茎及叶上刺少量。还可选择刺茄、赤茄，耐病 VF 等。

接穗选用具有耐热、耐寒、抗病、品质佳和商品性好的高产优质品种。青茄品种有新乡糙青茄、西安绿皮，紫茄品种有二苠茄、六叶茄等，适合华北地区的品种有天津快圆、天圆紫茄、布利塔长茄和东方长茄 768 等。每公顷用种量 180～225g，是常规育苗用种量的 1/10 左右。

2. 基质和穴盘的选择 选用优质育苗基质，或按草炭6份、珍珠岩3份、蛭石1份的比例配置，基质pH为5.8～7。同时，每立方米基质中加入50%多菌灵可湿性粉剂250g加水拌匀，使基质持水量达到50%左右，用塑料薄膜覆盖，堆积密闭24h以上，打开薄膜风干使用。

砧木品种选择32孔穴盘，茄子品种选择50孔、72孔穴盘。旧穴盘使用前用1%高锰酸钾溶液消毒，用清水冲洗干净晾干备用，新的穴盘可直接使用。

将基质均匀装入穴盘，用压穴器在装满基质的穴盘上压深0.5～1cm播种穴。

3. 播种时间和方法 因为茄子的苗龄较长，砧木品种在定植前85～90d开始选种育苗，播种出苗15d后再播接穗（茄子）种子；茄子品种一般在定植前60～65d开始选种育苗。

砧木种子不容易发芽，最好用0.01%～0.02%的赤霉素浸泡24h后，将泡好的种子捞出装入干净布袋内，置于25～30℃处催芽。每隔2d用清水冲洗1次，每天翻动种包1次，当种子“露白”时即可播种。茄子种子用10%的磷酸三钠溶液浸种20min，然后用清水洗净风干，同时除去秕子、小子和杂质等，即可播种。

将种子点播在压好的穴盘中间，每穴1粒种子。用蛭石覆盖，厚度为0.5～1cm，然后将苗盘喷透水保持蛭石面与穴盘面相平。

4. 嫁接前管理 浇水按照勤浇、少浇的原则，将穴盘均匀浇透水，保持基质湿润。在催芽室内进行30℃叠盘催芽，砧木品种一般15d左右即可出土，茄子品种一般6～7d即可出土。以后降温，白天25℃、夜间15℃。待出苗后即可搬出催芽室，摆放在育苗中心。幼苗期，白天温度保持在20～25℃，夜间12～15℃。幼苗第二片真叶展开后把缺苗孔补齐，每孔1株。

5. 嫁接 砧木5叶1心、接穗4叶1心、直径达4～5mm、半木质化时即可嫁接。嫁接前1d在砧木和接穗上喷1次50%多菌灵可湿性粉剂500倍液。

采用人工劈接法嫁接。将符合嫁接标准的砧木苗留在穴盘内，下部留3.3cm，保留2～3片真叶，平口削去上部，然后在茎中间垂直切入1～1.2cm深，随后将接穗（茄子）苗在半木质化处（茎紫黑色与绿色明显相同处）保留 2 叶 1 心去掉下端，一边一刀削成 1～1.2cm 的楔形，立即插入砧木切口处，上下茎对齐，用嫁接夹固定好，随后栽入嫁接穴盘。边栽植边放入小拱棚内（覆盖遮阳网），并浇水，做到小拱棚内不透气、不透光。

6. 嫁接后管理　冬季小拱棚创造升温保湿条件摆放嫁接苗，夏季创造遮阳降温保湿条件摆放嫁接苗。

小拱棚摆满苗后从穴盘底部浇水，且水量不要高于嫁接口，以免影响伤口愈合。为了防嫁接后接穗萎蔫，相对湿度保持 90%～95%，嫁接后前 3d 不要在苗上喷水，以防接口错位和沾水感病。

温度 20～28℃，白天处于高温段，夜间为低温段；嫁接苗适宜愈合的温度，白天 24～28℃、夜间 20～22℃。

嫁接后 3d 内避光，3d 后逐渐从弱光缓变为普通光照，开始时光照强度为 4 000～5 000lx。第 4d 晚通边风，6～7d 后早晚通风，此后逐渐加大通风量，每天上午喷水 1 次，9～12d 后转入正常湿度管理。

7. 嫁接幼苗管理　摘除下部砧木的萌芽；嫁接苗成活后基质持水量达到 60%～75%，蹲苗期基质含水量降至 50%～60%。通过通风控制温度，调节湿度，培育壮苗。嫁接成活后逐渐加大通风量，逐步适应外界环境条件。

嫁接苗成活后，结合喷水喷施 0.3%磷酸二氢钾溶液 1～2 次或浇营养液。营养液配方：每 1 000kg 水中加入尿素 450g、磷酸二氢钾 500g、硫酸锌 100g，pH 为 6.2 左右，总盐分浓度不超过 0.3%。

定植前 7～10d 加大通风量，对嫁接幼苗进行适应性锻炼，促使秧苗适应外部环境条件。

8. 病虫害防治　主要病害有猝倒病、立枯病，发现中心病株及时用 70%恶霉灵可湿性粉剂 1 500～2 000 倍液、75%百菌清 600～800 倍液喷雾防治，每 7～10d 喷 1 次，共喷 2～3 次。虫害有蚜虫、白粉虱，采用黄板诱杀，每 $10m^2$ 吊挂 20cm×30cm 黄板 1 张；同时，在发生初期用 10%吡虫啉可湿性粉剂 1 500 倍液进行喷雾防治。

9. 适龄壮苗定植标准　嫁接后 15～30d，植株直立，茎半木质化，株高 20cm 以上，6～9 片叶，门茄现大蕾，株顶平而不突出，叶片舒展，叶色偏深绿，有光泽，茎粗壮，节间较短，根系发达，根系和基质形成塞子状，根系完好无损，呈白色，无病虫症状。

三、辣椒育苗技术

辣椒（*Capsicom frutescens* L.）为茄科辣椒属，能结辣味或甜味浆果的一年生或多年生草本植物。起源于中美洲和南美洲的热带和亚热带地区，我国栽培辣椒可追溯到16世纪末、17世纪初，至今有400多年栽培历史（杨雪梅，谢琴淑，2009）。

辣椒在环境条件上喜温不耐热，种子发芽的适宜温度是25～30℃，苗期生长的适宜温度白天25～28℃，夜间15～18℃，比番茄、茄子对光照的要求稍低，基质要求疏松，透气性好，pH在5.5～6.5为宜。

1. 育苗基质的选择与处理 选用优质的草炭、珍珠岩和蛭石，按6∶3∶1的比例混合，每立方米基质再加入N∶P_2O_5∶K_2O为15∶15∶15的优质复合肥1～2kg，同时每立方米基质加入60%多·福（苗菌敌）可湿性粉剂100g进行消毒。搅拌时加入适量水，基质含水量在50%～60%，以手握成团、落地即散为宜。将配好的基质用薄膜密封，48h后即可使用。

2. 育苗温室及穴盘的消毒 密闭温室，将高锰酸钾、甲醛和水按1∶1∶5的比例混合进行消毒，具体操作方法是：将甲醛倒入开水中，再放高锰酸钾，经过化学反应产生烟雾，闷棚48h，待气体散尽后即可使用。穴盘消毒时，用40%福尔马林100倍液浸泡苗盘15～20min，然后在穴盘上覆盖一层塑料薄膜，密闭7d后揭开，用清水将穴盘冲洗干净待用。

3. 辣椒种子的消毒与催芽

（1）消毒。先将辣椒种子在25～30℃的清水中浸种7～8h，再放入20～30℃的10%磷酸三钠溶液、或1%高锰酸钾溶液、或40%福尔马林100倍液中浸种15min进行消毒，可防治病毒病、猝倒病、立枯病、疫病和炭疽病等。或用0.1%的农用链霉素溶液浸种30min，可防止疮痂病、青枯病的发生。药剂浸种后将种子及时冲洗干净，准备催芽或播种。

（2）催芽。将浸种后的辣椒种子用纱布包好，放在30℃左右的温度下催芽。经过3～4d，种子即可露白齐芽。催芽期间每天要用30℃左右的温水淘洗，以提供充足的氧气，促进种子整齐迅速地发芽。

4. 装盘 选用72孔或128孔的穴盘，将其放平，把拌好的基质装入穴盘中。装盘时要注意，装到穴盘每穴中的基质要均匀、疏松，不能压实，也不能出现中空。将装好的穴盘用压穴器压好后进行播种。压穴时需调整好压穴器，每穴压的深度要均匀一致，穴深在0.5～0.8cm。

5. 播种与出苗　每穴播1粒种子，平放在穴孔中间，播完后覆盖一层均匀、已消毒的蛭石。将播好的育苗盘平放在苗床上，喷匀、喷透水，喷至每穴滴水为宜。冬季时，育苗盘上要覆盖一层薄膜，保温保湿；夏季光照强的情况下，使用遮阳网适当遮阳。在种子没有出苗前要适当补水，使育苗盘保持一定的持水量，便于出苗。

6. 苗期管理

（1）水肥管理。待苗出齐后，在天气好的情况下可以喷透水，保证幼苗的正常生长。结合喷水每5～7d浇1次肥水，可选用磷酸二氢钾等优质肥料，浓度以0.1%～0.125%为宜。结合肥水，可加入施特灵、甲壳素等植物诱导剂，增强幼苗抗逆性。2片真叶后开始适当控制水分，防止幼苗徒长，培育壮苗。

（2）温度、湿度管理。适宜辣椒幼苗生长的温度为白天25～30℃，夜间18～22℃，基质温度保持在20～25℃，空气湿度以70%～80%为宜。

（3）秧苗调控。穴盘苗如果出现徒长，植株细弱，可用多效唑进行处理，从培育壮苗方面考虑，浓度以25mg/kg为宜。

7. 病虫害防治

（1）生理性病害。在辣椒育苗期间容易发生生理性病害，如沤根、烧苗、闪苗和徒长等，出苗后应根据天气变化及时加强防控措施。冬季育苗要做好保温，可用双层塑料薄膜覆盖，夜间加盖草帘，条件许可时采用地热线等方式提高温度。通风时要正确掌握通风量，准确选择通风口的方位，以防出现闪苗。夏天育苗时，当苗床温度达到40℃以上时，容易产生烧苗，此时应及时进行苗床遮阳，或通过风扇排风降温。苗床温度偏高、氮肥施用过量时，易形成徒长苗，此时应控制肥水，适时喷施多效唑等培育壮苗。

（2）侵染性病害。在辣椒育苗期间易发生的病害主要有猝倒病、立枯病和灰霉病等。猝倒病、立枯病的防治措施为：播种后，苗盘用含苗菌敌的蛭石（每立方米蛭石含30g苗菌敌）覆盖，发病初期用64%恶霉灵可湿性粉剂加70%代森锰锌可湿性粉剂500倍液、或20%甲基立枯磷乳油

1 200倍液、或25%瑞毒霉800倍液、或75%百菌清可湿性粉剂600倍液等喷雾防治，出苗后每周喷药1次，连续2～3次。灰霉病可采用50%速克灵可湿性粉剂1 500倍液或30%灰霉灵500倍液喷雾防治，或使用速克灵烟剂进行熏蒸。

（3）虫害。在辣椒育苗期间易发生的虫害主要有蚜虫、白粉虱等。防治措施为：首先在育苗设施的所有通风口及进出口设置40目防虫网，然后在设施内张挂黄板，每10m^2悬挂1块，诱杀白粉虱、蚜虫等。虫害大量发生时，可用10%吡虫啉1 000倍液或25%阿克泰5 000～7 500倍液等进行化学防治。

8. 商品苗标准 采用72孔穴盘的要求幼苗茎秆粗壮，节间短，根系发达，白色须根多，出苗整齐，无病虫害，苗龄80d左右，株高16～18cm，茎粗4.0～4.5mm，叶面积达到110cm^2，具有6～7片真叶并现小花蕾时，即可装箱出售。采用128孔穴盘的要求幼苗株高10～12cm，茎粗2mm，具有4～5片真叶。

第二节　瓜类蔬菜

一、黄瓜育苗技术

黄瓜（*Cucumis sativus* L.）也叫胡瓜、王瓜，是葫芦科黄瓜属一年生草本植物，原产印度热带潮湿地区及喜马拉雅山脉地区，由野生黄瓜经过长期栽培驯化而来。我国的黄瓜种植面积居世界第一位，单产高于世界平均水平（郭晓，2014）。

黄瓜属喜温性蔬菜，生长发育快，开花早，穴盘育苗时间短，秧苗较嫩，易徒长，对水、肥、温度和光照的变化表现十分敏感。

温度高，发芽快，但胚芽细长；温度偏低，则不易发芽，容易出苗不齐，甚至烂种而降低发芽率，出苗后低温容易引发猝倒病。适宜的种子萌发温度为20～30℃，黄瓜幼苗生长发育的最佳温度为白天28℃、夜间16℃，较大的昼夜温差不仅有利于光合产物的积累形成壮苗，并且更有利于花芽分化，增加雌花数量、降低雌花节位。根系生长的适宜温度为18～22℃。

黄瓜属短日照蔬菜作物，8～9h的光照时间对雌花分化最为有利。与番茄、茄子等相比，黄瓜幼苗喜光，但也较耐阴。黄瓜的根系较弱，所以黄瓜喜湿怕涝而又不耐旱，因而对基质中的水分要求比较严格。育苗期间，适宜的基质含水量为基质最大持水量的65%～75%，空气相对湿度白天为60%～75%最佳。

（一）黄瓜穴盘直播育苗技术

1. 播种期的确定　黄瓜穴盘幼苗播种期的确定依育苗季节不同而有较大差异。一般情况下，高温季节成苗需要14d，低温季节成苗需要25d。从预定的定植时间向前推算育苗需要的天数就是播种期。

2. 穴盘和基质选择　培养黄瓜穴盘苗一般用72孔或50孔的标准穴盘。重复使用的穴盘要消毒处理，采用2%的漂白粉充分浸泡30min，用清水冲洗干净备用。

育苗基质应具有通透性好，保水、保肥能力强的特性，可选用优质的草炭、珍珠岩和蛭石，按3∶1∶1的比例混合，每立方米基质加入100g多菌灵进行消毒，防止苗期病害。要经常检测基质溶液pH，宜保持在5.5～6.8，这样的酸碱度下有利于提高黄瓜幼苗对各种营养元素的吸收利用。

3. 播种、催芽　播种前先将基质装入穴盘，基质装盘时要求松实适度，过松浇水后种子在穴孔里下陷严重，导致种子在穴盘里深浅不一，影响出苗的整齐度；过实则导致通透性变差，影响根系的呼吸，容易沤根。基质装盘后要刮平、压穴，要使用72孔穴盘专用的压穴器，压穴深度为1.0～1.2cm。播种时每穴孔1粒，种子平放，覆盖珍珠岩或蛭石，刮平。注意上面提到的压穴深度，否则容易“戴帽出土”。覆盖完后的所有穴盘集中浇水湿透，以穴盘底部小孔见基质完全湿润但没有水渗出为宜。最后将所有穴盘码放在催芽车上放入催芽室或温室中进行催芽。

催芽时温度控制在白天27～32℃，夜间17～20℃。当种子开始拱土时，温度平均降低2～3℃，以防发生徒长。催芽环境湿度是先高后低，一般控制在80%～100%。催芽过程中需严格注意环境湿度，及时补充水分，保持四周和地面湿润。当发现有苗拱出时，及时将育苗盘放到苗床上培养。对于发芽率不高或发芽不齐的种子，可以先集中催芽再播种，播种后继续催芽直至拱土。

4. 苗床管理

（1）温度管理。黄瓜苗期短，育苗期间温度偏高则生长快，节间长；温度偏低生长缓慢、节间较短。不同的阶段温度管理的指标不同，出苗后3～5d，幼苗胚轴容易徒长形成“高脚苗”，因此要注意温度的控制，特别是夜温的控制，以白天24～27℃，夜间14℃为宜，可保持在14～16℃。到定植前5d，夜温再降到10～12℃进行低温炼苗。

（2）肥水管理。黄瓜苗期应经常保持穴盘基质的湿润，但要控制浇水次数与浇水量，基质相对含水量保持在60%以上，即根据秧苗大小和天气情况每3～4d浇1次大水，期间每天使用小水或不浇水。浇水次数过多或过大则降低穴内基质温度和增加育苗环境温度，容易诱发病毒和引起徒长。浇水过少则根系容易导致黄化、老化和活力差，甚至形成花打顶，移栽成活率低。

5. 黄瓜成苗标准 黄瓜穴盘育苗的成苗标准为：苗龄根据环境温度的不同，为13～25d。子叶平展、深绿、健壮而肥大，具有2片真叶，真叶肥厚且叶色绿，茎秆绿而粗壮，根系发达，盘陀良好。根毛白色，无病虫害。

（二）黄瓜嫁接穴盘育苗技术

1. 播前准备

（1）穴盘的准备。目前，生产中常用穴盘为50孔、72孔和105孔3个规格。黄瓜嫁接育苗用50孔盘较为适宜（彩图4-2）。

（2）育苗基质的选择。育苗基质的选择是穴盘育苗成功与否的关键因素之一，目前用于穴盘育苗的基质材料，主要是草炭、蛭石和珍珠岩，可采用草炭、珍珠岩、蛭石以3∶1∶1的比例配制，冬季可以用2∶1∶1的比例，或草炭∶蛭石为3∶1。草炭的选择用以进口丹麦（品氏）泥炭、德国克拉斯曼等品牌，另外国产的可选用熊猫、华美等品牌，对不熟悉的草炭品牌在规模使用前须做试验。

基质的消毒：进口基质已经过消毒处理，可以直接使用；国产基质消毒方法为每立方米加200g百菌清，或采用800倍的甲基托布津溶液，每立方米喷雾45～60kg。配制基质时每立方米加入优质15-15-15氮、磷、钾三元复合肥1.0～1.2kg，肥料用水完全溶解后与基质混合均匀。

（3）砧木和接穗品种选择。砧木选择黑籽南瓜、白籽南瓜、杂种南瓜、南砧1号和新土佐等南瓜类，接穗一般选择当地生产上的主栽黄瓜品种即可。

（4）种子处理。首先应选择质优、纯度高、洁净无杂质、籽粒饱满、高活力和高发芽率的种子，为了使种子萌发整齐一致，播种之前应进行种子处理。将种子放入55℃温水中，顺时针搅拌种子10min，水温降至室温时停止搅拌，然后在水中浸泡一段时间（一般南瓜种子浸种12～24h，黄瓜种子5～8h），漂去瘪子，用清水冲洗干净后滤去水分后备用。

（5）嫁接方法选择。黄瓜嫁接育苗方法较多，主要分为插接和靠接两大类。靠接包括普通靠接、单叶靠接。当前，穴盘黄瓜嫁接现在多采用"插接"，又称为"顶接"。

2. 砧木播种

（1）装盘。将配好的基质装在穴盘中，装盘时应注意不要用力压紧，因为压紧后基质的物理性状受到了破坏，使基质中空气含量和可吸收的含量减少，正确的方法是用刮板从穴盘的一方刮向另一方，使每个孔穴都装满基质，尤其是四角和穴盘边缘的孔穴，一定要与中间的孔穴一样，基质不能装得过满，刮平后各个格室应能清晰可见。

（2）压穴。装好的盘要进行压穴，以利于将种子播入其中，可用专门制作的压穴器压穴，也可将装好基质的穴盘垂直码放在一起，4～5盘一摞，上面放几只空盘，用手通过平板在盘上均匀下压至达到要求深度为止。

（3）播种。播种前对南瓜种子进行精选，去掉破籽和秕籽，进行催芽处理。待种子长出胚根时进行播种。将种子点在压好的穴盘中，每穴一粒，避免漏播。

（4）覆盖。播种后用蛭石覆盖穴盘，方法是将蛭石倒在穴盘上，用刮板从穴盘的一方刮向另一方，去掉多余的蛭石，或者手抓蛭石覆盖成小山丘状，覆盖蛭石不要过厚，与格室相平为宜。然后浇透水置入催芽室。

（5）催芽温湿度。白天保持26～28℃，夜间保持14～16℃，基质水分保持65%～80%，进行催芽管理。3～5d出齐苗。

（6）砧木管理。砧木出苗后，及时除去"戴帽苗"的种皮。

（7）出苗后温度和水分管理。夜间温度降低到12～14℃，白天保持在18～22℃，基质含水量50%～65%，培育健壮的幼苗。进行喷药，防止猝倒病的发生，可喷施 72.2%银法利 1 000 倍液。夏天气温高、温差小，砧木苗易徒长，出苗后可根据长势强弱喷施 20%助壮素 250～500 倍液或 15%多效唑可湿性粉剂 3 000～7 000 倍液。嫁接前 3～4d 砧木不可喷洒抑制剂，以免影响接穗的正常生长。冬季可降低夜间温度利用温差控制苗子长势。

3. 接穗播种 待砧木子叶展开，第一片真叶开始长出时，即播种砧木后 8～10d，播种处理好的黄瓜种子，基质要事先湿透，播种要均匀。一张 54cm×26cm 的平盘可播种 800～1 000 粒。黄瓜播种后盖 1.5cm 厚的蛭石进行催芽管理。白天 28～30℃，夜间 20～24℃，黄瓜出苗后，待子叶展开即可进行嫁接。

4. 嫁接 嫁接前 1d，保留 1cm 长的叶柄去掉砧木苗真叶，用刀片切去子叶节上的萌芽，再给砧木喷洒 75%百菌清可湿性粉剂 600 倍液，嫁接前给砧木苗和黄瓜苗浇足水。嫁接时用直径与黄瓜茎粗细相同的竹签或钢签，沿南瓜一侧子叶的上侧插向对面子叶的下侧，以竹签刚不扎破表皮为宜；将黄瓜苗取出，在子叶下方 1cm 处切单面斜面，长度为 4mm 左右，将竹签拔出后，轻轻地将黄瓜斜面向下插入南瓜中。嫁接完一整盘后，及时将嫁接好的放到小拱棚内。要用无污染、无破损的塑料膜盖严，以免嫁接苗感病和失水萎蔫。

5. 嫁接后管理 黄瓜嫁接后，宜用散射光，光照常强度维持在 5 000lx左右；过强则进行遮阳。

黄瓜嫁接后，苗盘过于干燥时可进行补水，一般在早晨进行，揭开膜后进行适量浇水，待子叶上的水滴晾干后盖膜保湿。前 3d 的湿度要达到饱和，即扣小棚后第 2d 膜上有水滴，薄膜要密封严实，不见直射光。通过保温或加温使前 3d 的白天温度达到 25～30℃，夜间 15～20℃。黄瓜嫁接第 3d 后，早晨和傍晚可适当揭开进行炼苗。黄瓜真叶长出时进行浇水施肥喷药，促进黄瓜幼苗的生长发育，并转入正常管理。注意及时将南瓜子叶上未去干净的侧芽或者萌蘖去掉。

嫁接后，夏季一般 10～12d，冬季 15～20d，嫁接苗 1 叶 1 心时即可定植。

6. 黄瓜成苗标准 黄瓜嫁接苗的苗龄根据环境温度的不同，一般在 25～35d，具有 2～3 片真叶，叶片肥厚且叶色绿，茎秆绿而粗壮，根系发达，盘根，须根白色，无病虫害。

二、西瓜育苗技术

西瓜［*Citrullusm lanatus*（Thunb.）M.］原产于非洲的埃及，属于葫芦科一年生蔓生植物。喜高温干燥气候，不耐寒。种子萌发的适宜温度为25～30℃，生长适温18～32℃。幼苗期白天以25～30℃，夜间16～18℃为宜。西瓜喜光，苗期需要3万lx以上的光照；喜疏松、透气性好、pH为5～7的基质（谢春立，2011）。

（一）西瓜直播穴盘育苗技术

1. 穴盘、基质准备　西瓜育苗一般采用50孔或72孔穴盘，有机基质选用西瓜育苗商用专用有机基质或自行配制，自行配制时要注意，多菌灵对西瓜的发芽有一定的抑制作用，要避免使用。

2. 苗床准备　穴盘育苗的苗床要根据育苗季节选择，露地要选择地势较高、背风向阳和排灌方便的田块，新老茬口田块均可。冬春季节在温室中设置育苗床或条件好的、打算长期育苗的可使用专用的育苗床架。如果春季在拱棚育苗，播种前15～20d搭好育苗棚，提高棚温。做好育苗畦，畦宽根据育苗棚规格在育苗棚中央留好床基（比地面略高），一般畦宽1.8～2.4m，畦面整平后铺一层地膜。电热线可按常规使用。1 000株西瓜苗需苗床面积3～4m^2。

3. 浸种催芽　播种前选择晴天将种子晒1～2d。种子消毒可用55℃的温水浸种10min左右，浸种时要不断搅拌，待水温自然降低后用清水洗净种皮上的黏液，再放入清水中浸种8～12h，浸种后将种子用湿布包好放在30℃条件下催芽，芽长0.5cm时播种。

4. 播种

（1）播种时间。穴盘育苗播种时间可以比营养钵育苗晚5d左右。

（2）基质装盘。装盘前先将基质喷水拌匀，调节基质含水量到50%～60%，即手攥成团、指间不出水为宜，并使其膨松后装入穴盘，刮去盘面上多余的基质。

（3）浇足底水。均匀浇足底水，使基质自然下沉。浇水要保持水未流出穴盘，但用手触摸可滴到手上水珠为宜。

（4）压穴、打孔。装好基质的盘要进行压穴，可用专门制作的压穴器压穴，也可将装好基质的穴盘垂直码放在一起，4～5盘一摞，上面放几只空盘，用手通过平板在盘上均匀下压至达到要求深度为止。孔要打在穴盘的正中央，深度以1cm为宜。

（5）摆种。挑芽长基本一致的西瓜种子平放入穴盘小孔的正中，一穴一粒，再用蛭石盖好抹平，整齐地排放在苗床上。播种深度以1～1.3cm为宜，不宜超过1.5cm。过浅易导致种子“戴帽”；过深，出苗迟，瓜苗质量差。种子摆好及时覆盖一层地膜，以利保温保湿。

5. 苗床管理

（1）及时揭去地膜。播种后2～3d要及时查看苗情，当种子有一半左右出土时，及时揭去地膜，使小苗见光绿化，见有子叶“戴帽出土”，要及时人工“脱帽”。揭膜迟容易形成“高脚苗”。

（2）温湿度管理。播种至齐苗前棚温白天控制在28～30℃，拱棚育苗的夜间小棚上加盖草帘并以电热增温，保持温度18～20℃，增温出苗。齐苗后到第一片真叶出现，适当通风，降低床温，白天温度控制在22～25℃，夜间可盖上草帘，保持温度15℃左右，防止出现“高脚苗”。出苗后，原则上不通电加温。晴天通风一定要及时，晚上注意加盖覆盖物保温。定植前4～5d降温炼苗，白天控制在18～22℃，夜间保持在13～15℃。在保证温度的前提下，应尽量加大通风量和通风时间，降低棚内湿度。

（3）光照管理。苗出土后就要及时让其充分见光，整个苗期要尽可能的早揭晚盖保温材料，让秧苗多见光。露地育苗的，连续阴雨天气在雨停期间也要及时揭去草帘让秧苗见散射光。

（4）肥水管理。播种后保持基质湿润是苗齐苗壮的关键。穴盘摆放时要尽量保持水平，保证穴盘基质水分均匀不积水。如时间过长仍未出苗要及时查看并补充水分，出苗期保证充足的水分，2片子叶展开时适当控水，防止形成徒长苗。出苗后要根据基质含水量情况及时浇水，当基质表面呈干燥疏松状态时及时进行浇水，遇阴雨天可适当减少浇水次数。出苗2周以后，适当喷施叶面肥，同时要适当控制水分，促进秧苗健壮生长。

6. 病虫害防治 基质育苗在苗期较少发生病虫害，各地育苗可根据苗期病虫害发生情况及时用药防治。西瓜苗期病害主要有猝倒病、立枯病和炭疽病等，虫害主要有蚜虫；苗期病害可用苗菌敌800倍液、64%杀毒矾500倍液交替喷雾防治，蚜虫可用10%吡虫啉2 000倍液喷雾防治，喷药要选在晴天上午进行。

7. 壮苗的质量标准　西瓜直播苗夏季苗龄18～20d，冬季20～25d，秧苗大小为3叶1心，植株高度8～10cm，叶面舒展，叶色浓绿，团根好，根系健康，植株不带病虫，新生叶片比老叶大为佳。

（二）西瓜嫁接穴盘育苗技术

1. 穴盘与基质的准备　西瓜育苗一般采用48孔或50孔穴盘，育苗基质采用草炭、珍珠岩、蛭石按3∶1∶1的比例配制，冬季可以用2∶1∶1的比例，或草炭∶蛭石为3∶1。草炭以进口的发发得、伯爵等品牌较好，国产的可选用熊猫、华美等品牌，不熟悉的草炭品牌在规模使用前须做试验进行验证。或选商用西瓜育苗专用基质，不需再加入肥料等，可直接使用。

基质的消毒：每立方米基质加100g多菌灵或200g百菌清消毒，或采用800倍的甲基托布津溶液，每立方米喷雾45～60kg。配制基质时每立方米加入优质15-15-15氮磷钾三元复合肥1.0～1.2kg，或采用西瓜营养液专用配方，加总量为1.2kg左右的化学肥料。肥料用水完全溶解后与基质混合均匀。用石灰或工业碳酸钙调节pH。

2. 砧木和接穗品种选择　选择砧木要从亲和性、抗病性、丰产性、抗寒性及不影响西瓜品质等方面综合考虑，适宜于做西瓜嫁接砧木的作物依次有瓠瓜、南瓜和冬瓜等。目前，生产上使用较多的砧木品种有：京欣砧1～4号，京欣砧冠、京欣砧王，甬砧1号、3号、5号，将军，超丰F1，刚强1号、2号等。砧木品种选择的原则是亲和力好、抗逆性强、不改变西瓜品质。若选用新品种，则必须经过试验示范，方可在规模生产中应用。接穗西瓜采用当地主栽品种。

3. 播种催芽　根据定植日期，夏季提前25d，冬季提前40d对砧木种子浸种催芽，7d后接穗种子浸种催芽。如外界气温较低，可以增加间隔时间，以确保嫁接时砧木达到合适的大小。

用55℃温水浸泡种子10min，用水量为种子量的3倍左右，并不断搅拌，待水温降低至30℃时取出种子，再用2%的漂白粉消毒10min，用清水冲洗干净，在室温下浸种，浸种时间为南瓜12h、瓠瓜24h、西瓜6～8h，然后用清水冲洗2～3遍，搓洗掉种子上的黏液进行催芽。

将砧木种子装入方盘中，用湿布（纱布或新的毛巾）盖好，置于28℃下催芽，待种子露白时直接播于50孔的穴盘中，深度1cm左右。播种时将种子胚根斜向下放于穴盘小孔的中心，以减少“戴帽苗”。播种后用蛭石进行覆盖，均匀浇水，浇水量不宜过多，约为饱和持水量的80%，然后移入催芽室，白天28℃、夜间18℃，同时可根据品种发芽特性，采用控制催芽温度或浸种催芽时间的方法控制其出芽速度和时间，最好使其在清晨拱土，以防夜间徒长。如无催芽室，播种后也可直接放入温室中，应尽量降低夜间温度，以防徒长，如遇连阴天则降低育苗区温度和控制苗床湿度，防止徒长。当70%种子拱土时，降低温度，白天20～25℃，夜间15～18℃。这一期间温度过高易造成小苗徒长，过低则子叶下垂、沤根或猝倒，更要特别注意，阴天不能出现昼低夜高逆温差现象，尤其是在拱棚中。在子叶平展时，喷代森锰锌加0.2%磷酸二氢钾加0.1%的糖水。

在砧木播种6～7d后，将接穗播于方盘之中，方盘的底部均匀地铺一层厚4cm左右的基质，然后将种子均匀撒播在基质上，播种密度以种子不重叠为度，然后覆盖1cm厚的基质或蛭石。如用基质覆盖，须稍稍压实，以减少“戴帽苗”的产生。覆盖后浇足底水，放于催芽室中进行催芽。同时，催芽室内必须安装人工光源，保证光照强度5 000lx左右。

4. 嫁接　砧木苗的苗龄8～10d，第一片真叶刚刚展开时将其真叶和生长点抹去。接穗选用出苗2d、子叶将展未展之际的非徒长苗。嫁接前3～5d砧木控制浇水，嫁接前1d浇透，以利于苗子壮实，更利于嫁接成活。

嫁接采用顶插法，嫁接工具为特制的嫁接刀、操作台以及特制的竹签或钢签（径粗与西瓜下胚轴粗细相同，约3mm）。

嫁接时用刀片切去砧木生长点，用竹签从心叶一侧斜插5mm深，竹签不要穿破表皮，然后取西瓜苗在子叶下1.0～1.2cm处向下斜切一刀（刀片与茎成60°），然后以相同的方法在另一侧切第二刀，把茎削成楔形，或者用拇指和食指捏住2片叶，使刀片与接穗呈30°，在子叶基部1cm处向下削成斜面，切口长0.5cm，拔出竹签，插入接穗。砧木与接穗的子叶呈“十”字形插于砧木上。

5. 嫁接后管理　嫁接后白天保持26～28℃，夜间20～22℃，用塑料薄膜覆盖使相对湿度大于95%，并且白天用遮阳网进行遮光，3～4d后，在早晚空气湿度高时少量通风，一周后伤口愈合，逐渐加大通风量，光照和温度管理恢复正常。以后逐渐降低夜温，当西瓜苗长至1叶1心时夜温可保持在16～18℃，这样有利于雌花分化。苗期水分管理应使育苗基质保持最大持水量的75%～80%，基质水分过少或过干会促进雄花形成，造成花打顶，苗期原则上控温不控水。冬季育苗时，定植前一周应进行低温锻炼，白天22～24℃，夜间13～15℃。

6. 病虫害防治　病虫害防治以预防为主，为了提高商品苗的质量，在出苗后子叶展开时喷洒绿享2号600～800倍液防猝倒病，在嫁接前2d喷洒百菌清可湿性粉剂800倍液或速克灵可湿性粉剂1 500倍液预防霜霉、角斑和炭疽等病；成活期由于保持在高温高湿的环境中，容易发病，可每公顷用烟熏灵3～4.5kg进行预防，嫁接成活后即用代森锰锌等喷施1次，发货前再用甲基托布津可湿性粉剂800～1 000倍液进行1次预防。

接穗苗如发生猝倒病，可用72.2%普力克（又名霜霉威、丙酰胺）400～600倍液浇灌苗床或用80%绿享2号按每平方米3～4g，稀释600～800倍淋湿或喷雾。砧木苗期主要病害是猝倒病、疫病和炭疽病。猝倒病防治同接穗。疫病防治可选用50%甲霜铜可湿性粉剂700～800倍液、普力克水剂800倍液、瑞毒霉锰锌可湿性粉剂500倍液。炭疽病防治可选用800倍液、80%炭疽福美800倍液，也可以用百菌清烟雾剂熏蒸1～2次。

7. 嫁接苗质量标准　优质苗的标准为子叶完整，茎秆粗壮，接口愈合良好，真叶2～3片，叶色浓绿，根系完好，不带病虫，苗龄夏季20～25d，冬季35～40d。

三、甜瓜育苗技术

甜瓜（*Cucumis melo* L.）别名香瓜、果瓜和哈密瓜，为一年生攀援草本植物，是世界性高档果品。品种资源十分丰富，分类方法多样，根据生态学特性，我国通常把甜瓜分为厚皮甜瓜和薄皮甜瓜两大生态类型（文乐欣，2012）。

甜瓜喜温且耐热，生育期适温为25～35℃，发芽适温30℃，多数品种15℃以下不能发芽。幼苗期适温20～25℃，10℃停止生长，7.4℃发生寒害，根系生长适温22～25℃，根系伸长最低温度8℃，根毛发生最低温度14℃。厚皮甜瓜较薄皮甜瓜的适温范围略高一些。

甜瓜喜光，幼苗期需要的适宜光照强度在 20 000lx 以上，喜疏松、透气性好、pH 为 6.0～6.8 的基质。

（一）厚皮甜瓜穴盘育苗技术

1. 育苗设施准备 冬季及早春育苗要在温室内进行，春季及夏季可在大棚内或露地育苗；冬春要背风向阳，夏季苗床要高。床底要平实，覆盖一层旧棚膜或地膜，膜上摆放穴盘。大型育苗场或者选用育苗床架，固定式或移动式床架均可。冬春育苗最好铺设电热线以提高温度。

2. 穴盘准备 冬季及早春育苗，育苗时间长，苗较大，应选择 50 孔的穴盘；春季或夏季育苗时间较短、苗较小，可选择 72 孔的穴盘。使用旧穴盘时，应先对穴盘进行清理、冲洗、晾晒及消毒。消毒方法可用硫黄粉熏蒸、密闭一昼夜的方法，可杀死病原菌及虫卵。

3. 选配营养基质 可采用草炭、蛭石按 2∶1 的比例或草炭、蛭石、发酵废菇料 1∶1∶1 的比例，或按经过充分腐熟沤制的秸秆、草木灰、蛭石按 1∶1∶1 的比例，每立方米加入 2～3kg 腐熟鸡粪或 1～2kg 的腐熟饼肥配制成基质。每立方米基质中加入 2～3kg 三元复合肥和加入 50%百菌清 150g 杀菌。基质、肥料和杀菌剂拌匀后盖塑料膜闷 5～7d。

4. 选择良种 各地可根据当地情况，选择抗病、高产和适应性广的良种。

5. 装盘及播种 将基质中拌入适量水，使其含水量为 55%～60%，即手攥成团、指间不出水为宜。将营养基质装满穴盘、刮平，将 4～5 个穴盘垂直码放起来，最上面上放一支空盘，手稍用力均匀地向下按压，再将穴盘摆放到育苗畦或育苗床上。

种子处理最简便的方法是晒种 2～3d，开水烫种 5～10s，用 25～30℃的温水洗种 2～3 次，浸种 4h 左右（最长不得超过 12h），即可催芽，也可在烫种后直接催芽。催芽的温度可控制在 25～30℃。根据种子发育程度及贮藏时间等不同，催芽时间一般为 24～48h，露出胚根到胚根长度小于 0.5cm 时播种。

播种前要均匀浇水，水量以能湿透基质而不渗出穴盘为宜。播种时在穴盘穴孔中央打 1cm 左右的小孔，将厚皮甜瓜种子平放在小孔中央一侧，胚根位于小孔的中央附近，1 穴 1 粒，再用预留的营养基质或蛭石覆盖在小孔上方，厚度为 1～1.5cm，或覆盖在整个穴孔表面。种子播好后，在上方再覆盖一层蛭石，然后覆盖薄膜，以保温、保湿。夏季播种只要盖无纺布即可，不需盖地膜，但要防虫。

6. 苗床管理

（1）温度控制。播种后到拱土前，以保温为主，白天一般为25～30℃，因育苗季节和设施条件的不同，中午棚室内最高温度不得超过35℃，最低不低于20℃。从拱土开始，到大部分出土、子叶展开之间，是控制温度、防治“高脚苗”的最关键时期，白天20～25℃，夜间14～16℃。第一片真叶出现后，逐步提高温度，白天20℃～25℃，夜间15～17℃，中午最高温度不超过30℃。定植前5～7d，将温度逐步降为白天25～20℃，夜间15～13℃，进行低温炼苗。

（2）水分控制。播种前基质中的水分要适宜，过多则不利于控制“高脚苗”和病害，过低不利于种子的萌发。拱土阶段，应严格控制水分，一般不应浇水，保持较低的湿度环境，有利于控制胚轴的过快伸长，减少因湿度过高而使幼苗生长过快、过弱的现象发生。1叶1心后，应及时补充水分，水分含量为最大持水量的65%～70%；2叶1心至移栽，水分含量为60%左右。中后期用喷壶喷淋来补充水分，以营养基质表面见湿见干为原则，每次浇水以刚湿透、没有水分渗出穴盘底孔为标准。夏季育苗，适当多喷淋2～4次水，但水分不可过大、过多，水分过大会造成瓜苗生长过快，容易形成弱苗、嫩苗；应防止雨水侵入苗床，注意经常通风降温、排湿及防治蚜虫、红蜘蛛等虫害。

（3）光照控制。尽可能增加光照强度和光照时数，冬春育苗，草帘要早揭晚盖，在阴雨天也应揭开，增加棚内光照。也可配以农用荧光灯或钨灯等补充光照。夏秋育苗，不宜采用遮阳网，而应适当减少浇水次数、加大通风量等措施调节生长。在塑料棚内育苗，有利于减轻因强光照射秧苗诱发病毒病等；用防虫网覆盖在通风口，可有效地防止虫害，减少蚜虫等传染病毒病。

（4）防治病虫。选择适宜的优良厚皮甜瓜品种，主要通过温度、湿度、光照和通风口的管理措施，一般不会造成严重病虫害。为加强预防，也可喷施药物来防治：春季育苗为防猝倒病，可用普立克400～600倍液，7d喷1次，连喷2～3次；夏秋季为防病毒病，可用植病灵或病毒A，7d喷1次，连喷2～3次；防治白粉虱、潜叶蝇，用阿维菌素4～5d喷1次，连喷6～7次；防治蚜虫、红蜘蛛可用灭扫利20%乳油2 000倍液喷施。

7. 苗龄与壮苗标准 一般日光温室极早春、早春、春季、越夏和秋季栽培，苗龄分别在45～50d、35～45d、25～35d、15～20d、12～15d；塑料大棚春季、晚春、越夏和秋季栽培，苗龄分别在40～45d、30～35d、25～30d、15～20d。

壮苗的标准是：子叶完整，胚轴不超过1cm，茎粗壮，节间短，叶片深绿、无病斑、无虫害，根系发达，2叶1心到3叶1心，具有该品种典型的特征特性。

（二）薄皮甜瓜嫁接穴盘育苗技术

1. 砧木和接穗的选择 砧木应具有抗枯萎病能力，与甜瓜亲和力强，不影响甜瓜品质的特性。嫁接砧木可选甜瓜王子二号、圣砧1号（白籽南瓜）等。接穗要选择适合各地栽培的优良品种，如龙甜1号和富甜1号等。

2. 嫁接方法

（1）插接法。砧木、接穗均播在营养钵中，砧木比接穗提早5d。当甜瓜子叶展开，但未出真叶，而砧木苗第一片真叶直径达1.5～2cm时为嫁接适期。嫁接时，先用小刀削除砧木生长点，然后用竹签在砧木切口斜插深约1cm的小孔，竹签与茎的角度为45°～60°，注意不要插到髓部空腔。取出甜瓜苗，在子叶以下1～1.5cm处向下切一刀，削成长0.6cm左右的斜面，取出砧木的竹签随即将接穗插入即可。接穗子叶方向与砧木子叶方向垂直，呈“十”字形。

（2）靠接法。此方法要求砧木与接穗苗大小相近，接穗较砧木早播7d，当甜瓜展开第一片真叶，砧木完全展开子叶时嫁接。从苗床中起出苗子，用刀片在砧木子叶下0.5～1cm处，以30°角向下斜切至茎粗的1/2，长约0.8cm，然后在接穗子叶下1～1.5cm处向上斜切一刀，深入胚轴的1/2，长约0.8cm，把2个切口相互嵌入，使接穗子叶在砧木子叶之上，用嫁接夹固定，然后用正常移苗一样栽入营养钵中。

3. 嫁接后的管理 嫁接后1～3d，白天保持在25～28℃，夜间18～20℃，随着通风量增加，温度逐渐降低，白天22～25℃，夜间15～18℃，土温22～24℃，定植前一周降至15～18℃。湿度要达到90%以上，可以在苗床底部铺一层报纸或一层马粪，然后摆放嫁接苗，充分浇透水，在苗床上支起一个小拱棚，四周用土封严。最初的 2～3d 不必通风，白天遮阳，第 3～4d 起在早晨、傍晚除去覆盖物接受散射光，5～6d 后，可在除中午外的时间，打开小拱棚通风透光，7～10d 应逐渐加大通风透光量，10d 后正常管理。

对砧木子叶节萌发的不定芽及时除去，以促进接穗正常生长。采用靠接法嫁接的瓜苗，在嫁接 10d 后及时对接穗进行断根去夹。

4. 健壮嫁接苗的标准 根系发达，色白，苗高 13～16cm，节间短，茎粗壮，茎粗 0.3～0.4cm，愈合组织发达，砧木接口下直径达 0.5cm，4 片真叶，叶肥厚、浓绿，子叶不脱落，苗龄 35～40d。

四、西葫芦育苗技术

西葫芦（*Cucurbita pepo* L.）原产于北美洲南部，是葫芦科一年生草本作物，由于西葫芦耐低温和耐高温性比黄瓜强，生长快，结果早，我国各地均有种植（韩欢欢，2013）。

种子萌发的适宜温度范围为 21～31℃，以 30℃时萌发最快，幼苗期生长的适宜温度为 22～25℃，根系伸长最低温度为 6℃，根毛发生最低温度 12℃，最高 18℃。西葫芦在短日照时，雌花数量多，在育苗期间，每日给予 8h 光照，可以促进早熟，增加产量。

1. 穴盘选择 培养西葫芦穴盘苗一般用 72 孔的或 50 孔的标准穴盘。重复使用的穴盘要消毒处理。

2. 品种选择 供秋冬茬和冬春茬使用的应选择耐低温、耐弱光、生长势强、结瓜能力强、生长速度快和商品性好的品种，不同地区还应根据当地消费习惯，选择不同果实颜色的品种，目前使用较多的品种有：东葫 1 号、东葫 2 号，法国太子公司的冬玉、百利、法拉利，美国的碧玉等，还有从国外引进的黄皮或金皮西葫芦。

3. 播种期的确定 当前，穴盘育苗的西葫芦苗主要供给冬春季保护地用苗，应根据定植时间确定播种期，温室用苗苗龄 20～25d，大棚用苗苗龄 30～35d。

4. 种子处理 西葫芦可用 55℃温水浸种 10min，浸种过程要不断搅动，当水温降到 25～30℃时停止搅拌，继续浸 10～12h 后取出种子，搓去种皮上黏液，用清水冲洗 2～3 遍，即可用湿布（纱布或新的毛巾）包好，在28℃左右条件下催芽。24～36h后当胚根伸出3mm以上时准备播种。

5. 基质准备 基质的配制方法是草炭：蛭石为2：1或草炭：蛭石：废菇料为1：1：1，配制基质时每立方米加入15-15-15氮磷钾三元复合肥2～2.5kg，或每立方米基质加入1kg尿素和1kg磷酸二氢钾，或1.5kg磷酸二铵，肥料与基质混拌均匀后备用。

将基质逐量喷水拌匀，调节基质含水量到50%～60%，即手攥成团、指间不出水为宜，并使其膨松后装入穴盘。用刮板从穴盘的一方刮向另一方，使每个孔穴都装满基质，尤其是四角和穴盘边缘的孔穴，基质一定要与中间的孔穴一样，刮平后各个格室应能清晰可见。

6. 播种 种子应平放在穴盘内，深度以1.0～1.5cm为宜，以免"戴帽出土"。播种后覆盖蛭石，然后将育苗盘喷透水即水从穴盘底孔滴出，使基质最大持水量达到200%以上。

7. 苗期管理 从播种之后至齐苗阶段重点是温度管理，白天25～28℃，夜间15～18℃为宜，这一期间温度过高易造成小苗徒长，过低时子叶下垂、朽根或出现猝倒，特别注意阴天时温度管理，保证不要出现昼低夜高逆温差情况。齐苗后降低温度，白天20～25℃，夜间可保持在10～15℃，以使幼苗健壮、雌花多。

苗期子叶展开至2叶1心，水分含量为最大持水量的75%～80%，苗期2叶1心后，结合喷水进行1～2次叶面喷肥，3叶1心至商品苗销售，水分含量为75%左右。定植前进行低温锻炼，白天15～20℃，夜间可保持6～8℃，最低可维持5℃左右，增加抗寒性。

8. 病虫害防治 苗期主要病害是白粉病，发病初期喷洒20%粉锈宁乳油2 000倍液或40%多硫悬浮剂600倍液，或2%抗霉菌素（农抗120）水剂200倍液，还可以使用25%腈菌唑5 000倍液，20%苯醚甲环唑（思科、世高）3 000倍液、斯美600倍液、粉必清800倍液、40%白粉速治1 000倍液进行喷雾防治。主要虫害是蚜虫，用一遍净或10%吡虫啉、灭杀毙6 000倍液、2.5%功夫乳油4 000倍液、天王星乳油3 000倍液喷施，或杀蚜烟剂防治。

9. 成苗标准 子叶完整，茎秆粗壮，叶片深绿，无病斑，节间短。温室用苗2叶1心，株高12～15cm，苗龄20～25d。大棚用苗3叶1心，株高 18～20cm，苗龄 30～35d。

五、佛手瓜育苗技术

（一）种瓜育苗法

佛手瓜（*Sechium edule* Swartz.）内肉紧结合，不易分离。种皮肉质膜状，没有控制种子内水分损失的功能，当种子与果实分离后，易失水分干瘪，使种子丧失生命力。因而，传统上是用整瓜作为播种育苗材料的（朱瑛，2007）。

1. 催芽　因种瓜发芽率只有 60％～80％，故须先催芽后育苗。立冬后选择无病无伤斑的佛手瓜装入塑料袋放在筐内，或直接将种瓜放入新鲜河沙内（底铺 2～3cm 沙层，把种瓜排列整齐，上面再覆盖河沙 2～3cm），室温 15～18℃催芽。大雪前后，待种瓜陆续长出根系、部分种瓜子叶张开，生出幼芽时，移入口径 20～30cm 的花盆或 10～20cm 的塑料袋内育苗。

2. 育苗　培养土须用渗透性好的沙质土或菜园土加一半沙拌匀，湿度以不黏手为宜。将种瓜的发芽端朝上，瓜柄端朝下，直栽或斜栽并覆土 4～6cm，不浇水，以防种瓜霉烂。然后置于温室或大棚内育苗，室温 20～25℃为宜，此期尽量少浇水，防止幼苗徒长。对徒长苗可于 4～5 片叶上摘心，促其发侧芽和壮根；对弱苗要加强肥水和湿度的管理，促其成壮苗。

（二）裸胚育苗法

裸胚育苗是以去掉种皮的种子作为育苗材料。其优点是：①出苗率高，整瓜播种育苗出苗率一般为 40％～70％，成苗率一般为 30％～60％，甚至更低，而裸胚育苗出苗率和成苗率均可达 100％。②裸胚育苗，不存在烂瓜问题。因此，也就减少了病害，容易培育出壮苗。③减少投资，提高经济效益。裸胚育苗取出裸胚后的瓜不仅可食用，而且也可上市或继续存放，增加经济收入。

1. 选种与消毒　选择瓜重 200～300g，瓜龄在 25d 左右，成熟好，无损伤的瓜做种瓜。水温 15～18℃配制多菌灵 200 倍液备用。将生芽的种瓜拣出来，芽部朝下，用刷子蘸药液刷种子表面，不得将药液刷到根芽上，以防止烧坏根芽。未生芽的种瓜在药液中浸泡一下取出晾干，然后进行催芽。如果种瓜摘后保存良好，无长途运输，无碰伤，也可不灭菌。

2. 催芽 裸胚幼芽生长的大小对育苗成败的影响较大，幼芽生长越大，出苗越快，苗越壮，胚芽尚未萌动的裸胚，易形成弱苗甚至不出苗。因而，育苗之前一定要催芽，以使幼瓜从瓜体得到更多的养分。催芽一般在 11 月下旬至 12 月下旬进行。催芽有 2 种方法：其一，塑料袋催芽法，把种瓜装入塑料袋内，折叠袋口封闭即可，使其既能保温、保湿，又能透气，把装好的种瓜置于 15～20℃环境中催芽。催芽时最好把瓜侧放，让其先端大纵沟（缝合线）与地面垂直，目的是子叶生长后便于撑开缝合线，突破种皮与瓜肉，使种胚部分露出瓜体，经过 15～20d，种瓜便可陆续裂口，生根发芽，当根系长至 3～5cm，芽长是 2cm 左右，即可转入育苗。其二，细沙催芽法。整好沙畦，将种瓜摆在沙畦中（仍要使先端大纵沟与地面垂直），然后覆土，瓜上面埋 2cm 厚的沙，保持沙的相对持水量为 75%～80%，温度 15～20℃，当瓜芽长走出沙面 5cm 时，即可转入育苗。

3. 营养钵准备与培养土配制 育苗培养土养分含量要求高且全面，其比例是：肥沃的壤土 2 份、优质腐熟的有机肥 1 份、细沙 2 份，过筛后混合拌匀，培养土含水量调至相对持水量为 70%～75%即可。营养钵可选用直径 12cm 左右、高 20cm 强度较好的塑料袋，将底部扎 2 个透水孔。也可用花盆，但不如塑料袋方便，把配好的营养土装入选好的塑料袋或花盆中备用。

4. 取胚与装钵 选幼芽已长至 3～5cm 的瓜，两手轻掰先端缝合线，当缝合线裂口增大至 1cm 左右时，轻轻拨动子叶，待整个子叶活动时即可将胚全部取出。取胚时不必将瓜掰成两半，这样对瓜的损伤小，可上市或继续存放，取裸胚时不会损伤胚，即使受轻微的损伤，对育苗影响也不大。裸胚可随取随育苗，也可存放，但必须在 3～8℃的条件下保存，这样存放 10～20d 也不影响育苗。装钵时，先将部分营养土装入钵内，轻压后将芽向上栽入钵内，然后再填覆营养土，填覆厚度以将子叶覆盖 3cm 左右为宜。

5. 苗期管理 装钵后温度控制在 10～15℃，如幼苗高不足 2cm，出苗前应保持温度在 15～20℃，出苗再降至 10～15℃，以培育壮苗。育苗过程中，培养土的含水量应保持相对持水量为 70%～80%。光照的好坏是能否育成壮苗的关键，如光照不足，则幼苗细弱、色淡，反之则粗壮浓绿。利用室温或大棚育苗，自然光照较充足，一般不必人工增加光照。如家庭小量育苗，室内光照不足，白天一定要把营养钵放到向阳面的窗台上，晚上再将其放到温度适宜的地方，有条件的也可人工增加光照，以培育壮苗。

（三）茎蔓扦插育苗法

剪取通过种瓜繁育的幼苗茎，剪成2～3节一段，将下面一节上的叶片去掉，然后放入0.01%的萘乙酸或吲哚乙酸溶液中，浸泡10～30min，取出插入装有蛭石的育苗钵中，避光保湿5～7d即可恢复生长。10d左右次生根可达1cm，然后见光培养。因蛭石中没有营养，所以每2d须浇一次营养液。营养液可采用腐熟的豆饼肥水或少量复合肥水。

第三节　甘蓝类蔬菜

一、结球甘蓝育苗技术

甘蓝（*Brassica oleracea* L.）是一种耐寒而对温度适应范围较广的蔬菜作物（周禹，2010）。

华南则除了最炎热的夏季生长不良外，秋、冬、春三季都可以栽培；长江流域的寒、热季节均不长，几乎一年四季均可以栽培；在北方除了严寒的冬季以外，春、夏、秋三季都可以在露地栽培。生产上以春甘蓝和秋甘蓝栽培面积大，而且均需育苗栽培。

1. 春甘蓝育苗　春甘蓝多做早熟栽培，培育适龄壮苗是早熟丰产的基础。适龄壮苗标准是：未通过春化，具有6～8片叶的较大幼苗；节间短，叶片厚，色深绿，茎粗壮，根系发达。

（1）春甘蓝育苗时期的确定。在东北、西北以及内蒙古等高寒地区选用早熟品种，在早春3～4月于温室育苗，育苗期60～80d。华北地区有2种育苗方式：一种是选用早中熟品种，于前一年10月在阳畦冷床育苗，使幼苗在冬前能长到相当大小以利于早熟，但又不超过其通过春化的生理苗龄；另一种是选用早熟品种于1月下旬到2月上旬于日光温室或改良阳畦内育苗。目前，由于保护地面积的发展，后一种方式应用较多。

（2）种子处理。甘蓝苗床营养土的配制与茄果类相同。多采用干子播种，也可以进行浸种催芽后播种。浸种催芽方法是：用 20～30℃清水浸种 2～4h，在 18～25℃下催芽，1～2d 后大部分种子“露白”时播种。

（3）播种及出苗前管理。播前整平苗床，浇透底水，水渗后撒种，覆土 1cm 厚，盖地膜保温保湿。每平方米苗床撒种 5～6g，每亩生产田需播种 35～40g，需 6～7m^{2}播种苗床，播种后保持苗床温度 18～20℃，一般 3～4d 出苗。出苗后及时揭去地膜，苗床地温和气温分别降低 26℃左右，以防止下胚轴伸长徒长。分苗前一般不需要浇水，可在齐苗后覆土一次，厚 0.5cm 左右。

（4）分苗及其以后管理。甘蓝根系再生能力较强，主根受伤后易发新根，所以较耐移栽，可分苗 1～2 次，但移栽比较费工，目前生产多采用一次分苗。适宜分苗的时期是 2～3 片叶展开时，营养面积以 6～8cm 见方为宜。分苗后 3～4d 内保持较高温度，地温 18～20℃，白天气温 20～25℃，夜间 12～13℃，促进发根缓苗。缓苗后再把温度降下来，白天气温 20℃左右，夜间 10℃左右，防止秧苗徒长。

利用阳畦秋季育苗，苗期长达 5 个多月，管理不当时容易使幼苗通过春化，定植后引起先期抽薹。因此，越冬育苗的管理，主要在幼苗越冬前采取控制幼苗生长的措施，避免大苗越冬，使越冬时秧苗大小控制在通过春化感受低温的大小之下，如早熟品种不超过 3 片叶，中晚熟品种不超过 6 片叶。进入 2 月上旬气温升高，秧苗生长加快，需及时分苗，并加强管理促进秧苗生长，使之在定植前达到适龄壮苗标准。这种育苗管理措施称为“控小不控大”。

定植前 7～10d 要降温炼苗，逐步撤去覆盖物，达到露地的气候条件。床土育苗的定植前 5～7d 切坨、囤苗。

甘蓝适于容器播种育苗，不仅管理方便，而且有利于定植后早缓苗，早收获。但在管理上要注意保持容器里的土壤湿润。

2. 秋甘蓝育苗 我国南北各地都栽培秋甘蓝，基本上都是夏季育苗。夏季气温高，秧苗生长快，育苗期较短，一般为 30～40d，定植时秧苗 6～8 片叶。秋甘蓝以栽培中、晚熟品种为主，播种期不宜太晚，但都应使结球期在较凉爽的秋季。北方生长季节短，而且秋季短，播种期要求比较严格，6 月下旬到 7 月上旬为播种适期；南方冬季到来较晚，播种期不太严格，一般在 7 月中下旬到 8 月上旬。夏季高温多雨，育苗应注意防高温、防雨淋或暴雨冲刷。不论南方、北方多采用高畦育苗，播种后畦面用苇帘覆盖，或在畦上搭荫棚，起到防雨淋、降温的作用。如果出苗前畦面干旱，可于早晨或傍晚向畦面喷水，保持畦面湿润，能顺利出苗。出苗后立即撤除覆盖物，荫棚四周应便于通风。待2片真叶后可分苗一次，分苗后缓苗期间仍应搭荫棚，防止阳光暴晒，缓苗后撤除。片叶左右时结合浇水追肥一次，亩施尿8～10kg。夏季育苗病虫害多，应注意及时防治。

二、花椰菜育苗技术

花椰菜（*Brassica oleracea* L. var. *botrytis* L.）又称菜花，是甘蓝的变种。花椰菜原产于地中海地区，引入我国仅有近百年的历史，由于它以花球为商品食用部分，营养丰富，风味鲜美，甚受广大群众欢迎。它从长江以南地区开始栽培，迅速向华北、西北和东北等地扩展，已成为北方地区广大人民春秋喜食的蔬菜。

目前在我国北方，花椰菜种植方式以露地栽培为主，一般栽培春秋两茬。特别是秋菜花，由于育苗技术简单、栽培季节适宜，产量高、花球质量好，又可以通过假植贮藏延长供应期。所以，各地花椰菜育苗技术一般与甘蓝育苗相似，但比甘蓝育苗技术要求严格，现将不同点及应注意问题叙述如下。

（一）花椰菜栽培季节与品种选择

花椰菜为半耐寒蔬菜，其耐寒性及耐热性比结球甘蓝差，生育适温范围比较窄。营养生长适宜温度为8～24℃，温度在零下1～2℃叶片容易受冻，花球的生长适宜温度为15～18℃，当气温降低8℃以下生长缓慢，遇到0℃以下低温，花球易受冻。当气温达到24℃以上时，则花球生长过快，花薹花枝迅速发育而伸长，花球松散，降低产量，影响品质而失去食用价值。所以，花椰菜适宜在温和季节栽培，在长期生产实践中，我国劳动人民根据它在幼苗期有较强耐寒和耐热能力，往往在较寒冷的月份或较炎热月份育苗，以后定植于露地，使花球在炎热到来或霜冻到来之前收获。在我国北方，一般分为春、秋两季栽培，春菜花于10～11月播种，翌年6～7月收获，秋菜花于7～8月播种，10～11月收获，把花球生长时期恰当地安排在月平均温度为15～23℃的月份里，而获得较高产量。

花椰菜育苗在选用品种上要求比较严格，要按春、秋不同茬口选用适当品种。

一般花椰菜的生长发育时间较长，在漫长的低温短日照冬、春季进行营养生长，在气温逐渐升高时的初夏进行生殖生长；而秋菜花的生长发育时间较短，在高温长日照的盛夏进行营养生长，在气温逐渐下降的秋季进行生殖生长。由于春秋花椰菜生长发育在这种不同栽培季节的环境中，加上人工多年选育，就形成了其生育特性各有很大差异的春、秋花椰菜品种。如果把秋菜花种用来春种，结果是由于秋菜花的阶段发育比较短，在阳畦育苗的低温条件下营养生长受到抑制，导致苗期出现早期现花，往往造成栽培上失败。相反，如把春菜花种用来秋种，在高温多雨的条件下，营养生长过盛，现花时间推迟，现花后花球小而松散，严重影响品质和产量。所以，只有按照不同栽培季节正确选择品种，才能栽培成功取得较高的经济效益。

从目前栽培面积最大的耶尔福、瑞士雪球和荷兰雪球 3 个品种看来，耶尔福和瑞士雪球适用于春花椰菜栽培，荷兰雪球适用于秋花椰菜栽培。

现将这 3 个品种特性简介如下，供生产上参考：

1. 耶尔福　1972 年，原北京市蔬菜研究所从北也门引进，植株健壮，叶片绿色，呈披针形，一般 22 片叶左右出现花球，花球洁白，致密，匀称，整齐，品质好，平均球重 0.5kg 左右，亩产 1 500～2 000kg，定植后 40d 左右收获花球，成熟期较集中，产量较高，适于春茬栽培。

2. 瑞士雪球　由尼泊尔引进。植株外叶较直立，生长势中等。叶生有 26 片时出现花球，花球为圆球形，直径 16cm，白色，重 0.5kg 左右，花球紧实品质好。该品种早熟，耐寒性强，不耐热，高温下花球很小，而且松散，适宜春季露地栽培。该品种花球外侧幼叶拧斜，并紧附于花球，这是与荷兰雪球相区别的特征。

3. 荷兰雪球　由荷兰引入。植株高大，生长势强，外叶较瑞士雪球少，花球外侧的幼叶不紧附球部，叶尖部分向外卷起。花球为圆球形，雪白，球重 0.5～1kg，花球紧实，品质好。中熟品种，耐热性较强，适宜秋季栽植，在秋后寒冷气候条件下，易形成肥大的花球，是秋季露地栽培优良品种。但秋季易感染黑腐病。

（二）花椰菜育苗目标

播种后子叶展开到定植为育苗期。在育苗时秧苗管理好坏，能否培育出素质好、发育健壮大苗，是关系到结球早晚与产量高低的关键。因此，确定较好的育苗目标是十分重要的。花椰菜的育苗目标，应该是扩大叶面积，提高光合作用能力，培育出物质生产高的壮苗。其壮苗标准：子叶厚实成正心脏形，子时展开呈水平稍向上翘，叶柄短，叶片圆而大，茎节短粗，花芽未分化，全株从上往下看时叶片布局呈圆盘状，叶面积与茎重的比值大，地上部重与地下部重比值小，根群发达。相反，如果胚轴徒长，子叶细长或者胚轴短、子叶小、子叶畸形，或者叶片小而伸展不良的苗等，都是弱苗。造成弱苗原因往往是光照不足，温度过高或过低，水分干燥或过湿，特别是土壤中缺磷、缺硼、缺钼和缺钙，应在育苗期中加以调整。

在天津地区花椰菜到定植前菜农掌握达到的标准是：具有8～10片真叶，根系发达，茎粗壮，叶色深绿，节间短。

（三）春花椰菜育苗技术要点

春花椰菜育苗技术操作过程同春甘蓝育苗技术，现将不同点及要注意的技术要点介绍如下：

1. 播种期　前面已经介绍，春花椰菜的生育期较长，为使在高温到来之前结成花球，提高品质增加产量，播种期宜适当早播。天津地区菜农掌握一般播种期在11月上旬与中旬（立冬前后）。如果播种太早，幼苗生长过大，过早地通过了阶段发育，定植后早期现花比例增加，影响品质和产量。如果播种过晚，满足不了生长时间要求，会相应推迟现花时间，不但影响早熟，而且把现花时间推迟到高温季节，使尚未充分长成的花球，在高温长日照影响下，短缩的花枝迅速伸长，形成散花，或花球畸形，花球出现黑心，花球表面生长茸毛等，直接影响花球的品质，还降低了前期产量，甚至没有什么经济效益。天津南郊区蔬菜研究所张锡海用依多尔品种做试验，由于播种期不同，花球采收量和质量差异十分显著。如11月1日播种的，90％的产量都是集中在5月收获的，优质花比例占75％；而12月9日播种的，5月只收获总产量的41.5％，优质比例占65％，其总产量虽然稍高，但是产值降低很多。

2. 种子选择　花椰菜种子为茶色球状，直径为1mm左右。成熟度好的种子粒大发芽率高，成熟度不好的粒小发芽率低。种子寿命一般可达3～4年，在生产上使用成熟度好、2年内种子为宜，按11.1m^{2}苗床，播种量为50～75g，出苗后可移栽大田1亩左右。

3. 育苗床要有充足的底墒 春花椰菜苗期生长时间较长，苗床内一定要防止缺水而形成小老苗。为了防止小老苗还要给苗床施上充足的底肥，每11.1m^{2}苗床施腐熟优质肥料75～100kg，增施过磷酸钙粉1.5kg。播种前要浇足底水，水量掌握漫过畦面5～7cm深。并要通过逐次覆盖土方法把底墒保住，覆土要分4次进行，第一次覆土与播种前覆底土1cm厚，播种后立即覆盖籽土1cm厚，幼苗出齐后再覆土1cm厚，到第一片真叶出现时再覆一次土1.3cm厚，前后4次覆土计3.3cm多厚。由于多次覆土有效地防止了畦面龟裂，保证秧苗生长有正常的底墒。

4. 早间苗、适时分苗 为了培育健壮幼苗，防止“高脚苗”发生，要通过间苗和分苗的方法不断地扩大幼苗的营养面积。2片子叶长出时要及时间苗，防止幼苗密度过大，影响通风透光，造成徒长而形成弱苗。分苗可以根据苗床多少和秧苗生长状况进行1～2次。当苗床少，秧苗密度大可以分别在12月初、2月初各进行分苗；如果育苗床多、秧苗间苗后留的稀密适合可以于2月初进行一次分苗。在最后一次分苗时，要求株行距不少于8.2cm×3cm，最好达到10cm×3cm左右。只有给予较大面积的株行距，才能培育出茁壮的大苗，才能防止因移植过密，通风透光不良所造成的高脚弱苗。

5. 控制好苗床温度 花椰菜育苗的苗床温度要比甘蓝育苗掌握偏高一点，但也不要过高，过高秧苗容易徒长，后期易发生霜霉病。所以整个育苗过程中，要注意通过保温、通风、晒苗和炼苗等措施，控制好苗床温度。苗床温度具体掌握是从播种至出齐苗应严密封闭苗床不放风，白天最高温度27～29℃，盖苫温度16～18℃，揭苫温度控制在8℃左右；出齐苗后开始放风从齐苗至顶心。白天温度控制不超过22℃到下午12～14℃盖苫，夜间最低温度控制在3℃左右；从顶心至一叶展平，为促进心叶生长，可适当提高点温度，白天最高温度控制在22～24℃，下午14℃左右盖苫，夜温控制在不低于4℃左右；由一叶展平后选晴天开始通风晾苗，白天最高温度控制在18～20℃，下午盖苫温度12～14℃，夜间最低温度控制在3℃左右；分苗至缓苗，要严密封闭苗床，提高床温促进缓苗，最高温度可提高到28～32℃，下午18～20℃盖苫，夜间最低温度不低于6～8℃缓苗后通风下降床温，控制秧苗徒长，白天最高温度不超过22～25℃，下午15℃盖苫，夜间最低温度控制在不低于4℃，到春分前逐渐撤掉玻璃或薄膜，进一步锻炼秧苗给定植打下基础。

6. 要注意起苗的质量　定植前要注意锻炼秧苗，白天注意大通风，好天要经常进行晒苗，增强幼苗抗寒能力，特别是到定植前要注意蹲苗，蹲苗时间一般3～4d为宜。起苗时要尽量保持土坨完整，要防止起苗时伤根过多，以便缓苗快。如果伤根过多，定植后缓苗时间长，营养生长受到抑制，早期散花现象出现的比较严重，影响花品质、降低产量。

由于花椰菜的耐热反抗寒能力以及根系损伤后的恢复能力，均比甘蓝差，因此定植期宜掌握在日平均温度稳定在6℃以上时开始定植，定植密度一般每亩在3 500～4 000株，定植时可增施少量的速效性氮肥，以促幼苗增根生长。

（四）秋花椰菜育苗技术要点

秋花椰菜育苗同秋甘蓝育苗方法，适当注意选地，注意品种选择，注意适期播种，注意苗期防治病虫害。一般在天津地区采荷兰雪球品种，于6月中、下旬播种，最迟不晚于7月上旬，45～50d苗龄期具有8～9片真叶定植，立秋时定植完毕。由于花椰菜种子成本较高，为节约种子，大多采用分苗办法，扩大秧苗营养面积，增加秧苗数量。技术条件比较好的地区宜采用营养方育苗（营养方做法见黄瓜育苗），可大大节约种子，每亩使用25g种子即可。

三、青花菜育苗技术

青花菜（*Brassica oleracea* L. var. *italic* Planch.）又名绿菜花、西蓝花和木立花椰菜，是甘蓝进化为花椰菜过程中的中间类型，与花椰菜相似，但耐寒力和耐热力都比花椰菜强。青花菜通过春化所需要的温度范围也比花椰菜大，但不同品种要求不同，花芽发育对日照长短也不敏感。所以，青花菜的栽培期也比花椰菜宽，露地春秋两季栽培。春茬1月底至4月初定植，秋茬6月下旬至7月下旬播种，7月底至8月上中旬定植，10月至11月上旬收获。青花菜的育苗技术与花椰菜基本相同，但其株幅较大，分苗时幼苗营养面积要适当加大，以10～12cm见方为宜（应泉盛，

2005)。

四、抱子甘蓝育苗技术

抱子甘蓝（*Brassica oleracea* L. var. *gemmifera* Zenker.）是由野生的结球甘蓝衍生而来，是甘蓝的一个变种，原产比利时，19世纪才由比利时传至欧洲，现在欧美国家食用普遍。抱子甘蓝性喜冷凉湿润的气候，耐寒性较强，而不耐热，生长期适温为18～22℃，芽球形成期以12～15℃为宜，长日照、高温和强光不利于芽球形成（梅家琴，2008）。

（一）穴盘基质选择

抱子甘蓝育2叶1心苗选用288孔苗盘，育5片叶左右苗选用128孔苗盘。基质配制可选用草炭、蛭石和废菇料。配制比例是草炭∶蛭石为3∶1（体积比），或草炭∶蛭石∶废菇料为1∶1∶1，每立方米基质中加入氮、磷、钾（15-15-15）三元复合肥3.0kg，或者每立方米基质中加入1.5kg尿素和磷酸二氢钾，或磷酸二铵，肥料与基质混拌均匀后备用。

（二）播种

1. 装盘 将配好的基质装在穴盘中，用刮板从穴盘的一方刮向另一方，使每个孔穴中都装满基质，尤其是四角儿和盘边的孔穴，基质不能装得过满，装盘后各个格室应能清晰可见。

2. 压穴 可用专门制作的压穴器压穴，也可以将装好基质的穴盘垂直码放在一起，4～5盘一摞，两手平放在盘上均匀下压，下压深度即为播种深度。抱子甘蓝的播种深度为0.5～1.0cm。

3. 品种选择 极早熟品种可选用从日本引进的早生子持、先正达的绿橄榄、荷兰比久种子公司的福兰克林，早熟品种选用荷兰比久种子公司的地宝，中熟品种选用从美国引进的王子，晚熟品种选用从荷兰引进的探险者。

4. 播种 选择发芽率高、发芽势强和高活力的优质种子，发芽率应大于90%以上，将种子点播在压好穴的苗盘中，或用播种机播种，每穴一粒，避免漏播。每公顷用种量150～225g。

5. 覆盖 播种后用蛭石覆盖，用刮板从穴盘的一方刮向另一方，去掉多余的蛭石，覆盖蛭石不可过厚，与格室相平为宜。

6. 浇水 播种覆盖后的穴盘要及时浇水，浇水一定要浇透，目测时以穴盘底部的渗水口看到水滴为适宜。

（三）苗期管理

种子发芽室温为20～25℃，冬春季节播种的，可在苗盘上覆盖地膜用以保温保湿，待种子拱出表层后，及时揭去地膜，把温度降为生长适温，保持日温18～22℃，夜温10～12℃，对不分苗的需在第一片真叶展开时抓紧将缺苗孔补齐，用288孔苗盘育子苗的，当小苗长至1～2片真叶时，移至128孔苗盘内，这样可提高前期温室有效利用，减少能耗。

出苗后，根据不同的天气，每1～3d浇水1次，保证基质湿润，夏季育苗播种后应遮阳降温和防雨，防止高温干旱和暴晒，阴雨天防止通风不良引起的烂苗。

（四）病虫害防治

抱子甘蓝主要病害是灰霉病、黑胫病和黑根病。灰霉病注意通风降低湿度，施用10%速克灵烟雾剂，也可用50%速克灵可湿性粉剂200倍液喷施。

黑胫病主要危害幼苗子叶和幼茎，形成灰白色圆形或椭圆形斑，上散生许多黑色小粒点，严重时造成死苗。黑胫病用70%百菌清可湿性粉剂粉剂500～600倍液、60%的多·福可湿性粉剂600倍液喷施，也可用70%代森锰锌400～500倍液。

黑根病主要侵染幼苗根茎部，致病部变黑或缢缩，潮湿时其上生成白色霉状物，数天后叶萎缩、干枯死亡，也可表现出猝倒状死亡。黑根病在25～30℃条件下繁殖很快，发病后可喷施60%的多·福可湿性粉剂500倍液、70%百菌清可湿性粉剂500～600倍液。

主要虫害为蚜虫、菜青虫和小菜蛾。风口和门口设置防虫网，防止害虫迁入，可用黄板诱蚜。虫害常规防治。

（五）成苗标准

当抱子甘蓝长到株高10～12cm，茎粗3～4mm，达5～6片真叶时即可定植或销售，春季需60d左右，秋季30～40d苗龄。

第四节　其他蔬菜

一、莴苣育苗技术

莴苣（*Lactuca sativa* L.），又名莴笋、春菜和麦菜，是菊科莴苣属的一年生或二年生草本植物。它是一种很常见的食用蔬菜，中国、日本等国的人往往煮熟后食用，在西方文化中人们往往放在沙律、汉堡包等食品中生食。在香港，为了跟西生菜区分，莴苣又称为唐生菜（赖佳等，2014）。

莴苣可分为叶用和茎用两类。莴苣的名称很多，在本草书上称作“千金菜”、“莴苣”和“石苣”。茎用莴苣又称莴笋、香笋。中国各地莴笋栽培面积比生菜多，莴笋的肉质嫩，茎可生食、凉拌、炒食、干制或腌渍。生菜主要食用叶片或叶球。莴苣茎叶中含有莴苣素，味苦、高温干旱苦味浓，能增强胃液、刺激消化、增进食欲，并具有镇痛和催眠的作用。

（一）配制床土

由于栽培季节不同，所以有露地育苗和保护地育苗两种方式。育苗可在田里就地做畦播种，也可用营养土块、纸袋或营养钵育苗。育苗床土为50%腐熟马粪和50%园田土，同时，每立方米床土再加尿素20g和过磷酸钙250g，混匀过筛后，在苗床上平铺5～10cm厚。

（二）挑选劣种

叶用型莴苣有结球莴苣和散叶莴苣，还有半结球的皱叶莴苣。

（三）消毒催芽

莴苣种子小，发芽快，普通多用干籽直播。干种子一般采用晾晒灭菌。若浸种催芽，则先用凉水浸泡5～6h，然后放到16～18℃条件下见光催芽，经2～3d即可出芽。

（四）适期播种

莴苣可以常年栽培，因此也可多茬育苗。在4～5月采收的莴苣，可在春天2～3月播种育苗。在5～6月采收的莴苣，应选用耐热、抗病和抽薹晚的品种，普通在4月播种。9～10月采收的莴苣，普通在6～7月播种。冬季采收的莴苣，普通在10月播种。冬季可在日光温室里育苗，并可随着采收腾茬后定植。在播种育苗床上，可随时播种，每月播种一茬，定植一茬，播种一茬，做到边播种、边定植和边播种。

（五）壮苗标准

普通保护地育苗30～50d，具有6～7片叶，须根较多，茎黑绿，较粗，叶片大而宽，株高15cm左右，植株无病虫害和机械损伤。露地直播的苗龄以30d为宜，秧苗4～6片叶。

（六）精密播种

播种前，对苗床浇足底水，水渗下后撒0.5cm厚的细土，随后即可播种。普通每平方米播种量为5～10g，播种后，盖细潮土0.5～0.8cm厚，保持土温15～18℃，盖塑料薄膜或草帘保湿，普通经3～5d可出土。假如在露地育苗，在出土后10d左右（1叶期），则可中止间苗，以不影响幼苗生长为度。

（七）苗期管理

在莴苣2～3叶期，即可中止移植，苗距6～8cm为宜，每个营养钵或纸袋育壮苗1株。移植前浇足底水，栽后覆土，栽的深度要保持本来的程度。移栽缓苗期，要保湿保温，气温在20℃左右为宜。缓苗后，要常常中耕促根，防止湿度过大和冬季高温多雨的无益影响。苗期浇水应小水勤浇，以保持床土潮湿。春夏季育苗应防暴雨冲淋和高温干旱，可采用防雨育苗和遮阳网覆盖育苗。露地8：00～16：00盖遮阳网，晚上或阴天全天揭网。干旱天气应在早上及傍晚勤浇水，可分离浇水追肥，普通追稀人粪1～2次，也可用0.3%的磷酸二氢钾叶面追肥。在播后30d左右，应满足温度和短日照的请求，这样可以防止早抽薹。

二、芹菜育苗技术

西芹（*Apium graveolens* L.）又叫西洋芹、洋芹等，从欧美等国引进，属伞形花科二年生草本植物，半耐寒性蔬菜，喜凉爽湿润的气候条件。种子发芽最低温度为4℃，最适温度为15～20℃，苗期最适生长温度为18～20℃，西芹喜微酸性土壤，基质pH为5.5～6.7适于幼苗生长（王克勤，2009）。

（一）穴盘和基质的选用

穴盘选用288孔或128孔穴盘。基质配制时可按草炭、珍珠岩和蛭石按3∶1∶1的比例进行配制，同时每立方米基质加25kg膨化鸡粪，搅拌均匀，再加入100g多菌灵或200g百菌清，用于基质消毒。育苗基质装至穴盘3/4满为宜并振实，或装满刮平后压穴，穴的深度要浅。

（二）播种与育苗

穴盘育苗采用精量播种，种子发芽率应大于85%以上，播种之前先检查发芽率。西芹喜欢凉爽气候，所以将种子在55℃的水中浸泡10min，然后放在10～15℃的冰箱或冷藏室内进行催芽，其间应每天淘洗1～2次，当至少50%左右的种子露白时即可播种。芹菜种子发芽需要光照，故播种不宜过深，播后上面覆盖蛭石，再用6 000倍的爱多收溶液湿润穴面，可起到促进发芽的作用。

（三）出苗期管理

催芽的种子吸足水分在适宜的温度和供氧条件下，经过一定的时间可以出苗，西芹从播种至齐苗大约需7d，时间虽短，但管理要求高，要求从苗期环境条件的总体出发，调节温度和水分这两个主要因子。整个出苗期要经常观察种子的萌动、穴盘中培养基质内水分的干湿和日照的强烈程度情况。此期间用遮阳网全天候覆盖育苗棚，等出苗后2片子叶展开转绿时及时揭掉遮阳网。

（四）幼苗生长期管理

西芹幼苗从2叶1心至5～6片叶为幼苗生长期，此期的管理是培育壮苗的关键。管理上主要抓好以下几方面的工作：一是及时掌握遮阳网的覆盖时间。晴天9:00～16:00盖遮阳网降温，其余时间揭去遮阳网。阴天及小雨天不盖遮阳网，间歇盖遮阳网历时2～3周。二是加强肥水管理。6～7月的晴好天气，温度较高，光照较强，若发现穴盘中培养基质内水分较少，应及时酌情浇水。当幼苗长到3～4片叶时，及时补充叶面肥料，用2 000倍的植物动力2003叶面喷施1～2次，提高幼苗素质。三是严格控制苗期温度。一般控制在22℃左右，最高不超过25℃。

（五）病虫害防治

西芹穴盘育苗的主要病害有立枯病和猝倒病，幼苗2叶1心期用75%的百菌清1 000倍液加3%的井冈霉素500倍液预防，以后每隔1周喷洒一次杀菌剂，连续用3～4次防治。猝倒病用绿亨2号，喷药防治。虫害主要有蚜虫，用10%的吡虫啉3 000倍液防治。

（六）种苗质量标准

当苗龄40～45d，达到5叶1心或6叶1心时即可移栽。壮苗标准：植株生长健壮，叶色翠绿，子叶仍保持绿色或本品种特有的颜色，无黄叶，病斑，无虫害。

三、韭菜育苗技术

韭菜（*Allium tuberosum* Rottl. ex Spr.）为多年生宿根草本植物，是中国原产，也是中国特产，除日本少量栽培外，其他国家很少栽培或没有栽培。韭菜有杀菌、帮助消化的功用，在我国人民的食品中占有一定的地位，也是周年供应中的一种主要蔬菜。

由于人们对韭菜的数量和质量要求越来越高，保护地韭菜发展迅速，采用穴盘育苗越来越多。

韭菜耐寒而不耐高温，种子发芽的最低温度为2～3℃，发芽适温为15～18℃，温度偏高或偏低都不利于种子发芽。幼苗生长的适温为12℃以上，最适温为15～25℃，韭菜种皮较厚，坚硬并附有蜡质，水分不易渗入，发芽期间要求较高的土壤墒情，育苗基质要保持湿润，幼苗生长要求较低的空气湿度和较高的土壤湿度，一般空气湿度为60％～70％，土壤湿度80％～95％为宜；光照上有较强的耐阴性，要求中等强度的光照。

（一）育苗设施等准备

华北地区韭菜4～5月育苗可直接露地建育苗床，6～7月育苗最好利用早春茬结束后的温室或大棚，揭除拱架上的四周棚膜，保留顶膜，并覆盖遮阳网降温，以利于齐苗。苗床采用阳畦或钢架固定床或移动苗床均可，采用阳畦时地面应铺设地膜，使穴盘与地面隔开，避免根系长入土中。

基质可选用草炭∶蛭石＝1∶1，或草炭∶蛭石∶珍珠岩＝3∶1∶1，按照体积比配制。每立方米基质加25kg膨化鸡粪，100g多菌灵或200g百菌清，搅拌均匀，用于基质消毒。

（二）播种

播种前检测韭菜种子发芽率，要求种子发芽率在85％以上。韭菜种子种皮坚硬，吸水困难，播种前1d，可将种子放入40℃温水中搅拌至室温，浸泡24h后，清除秕籽，捞出晾干后即可播种，也可催芽后播种。

采用人工播种方式，播种前，应根据计划每穴播种粒数和需育苗的大小选择所用穴盘规格，一般每穴播种14～15粒，育4～5片叶苗时，选用288孔苗盘；每穴播种20～25粒，育5～6片叶苗时，选用128孔穴盘为宜。旧盘重复使用时，应注意消毒。

要求将韭菜种子均匀地撒播在装有基质的每个穴孔内，播种深度1.0～1.5cm。播种后覆盖蛭石或配制好的基质，然后浇水，穴盘底孔用手摸感觉有水渗出即可。

（三）育苗管理

韭菜从播种至出苗对湿度要求严格，在出苗之前，要保持基质湿润。整个出苗期要经常观察种子的萌动、穴盘中培养基质的干湿和日照的强烈程度等。出苗后，适当减少浇水次数，保持床面见干见湿。夏季一般不控水，可早晚浇水1次，穴盘的边缘部分容易出现漏浇、少浇，缺水现象，发现基质过干、发白，应及时浇水。

光照过强对生长不利，高温期间应注意遮阳降温。

苗高10～12cm时，叶面追施0.1%的尿素1～2次，定植前7～10d，叶面喷施0.2%磷酸二氢钾液1次。韭菜苗期遇雨容易发生疫病和灰霉病，应注意及时防治。

（四）成苗标准

成苗一般苗龄60～70d，苗高18～20cm，每株5～6片真叶；根系紧密缠绕，形成完整根坨，无病虫害。定植时，128孔的穴盘苗适宜的行穴距为30cm×15cm，288孔的穴盘苗适宜的行穴距为20cm×10cm。

四、空心菜育苗技术

空心菜（*Ipomoea aquatica* Forsk.）又称蕹菜、藤藤菜、竹叶菜、通菜等，是一年生蔓性草本植物，在南方或北方温室栽培，可多年生。空心菜食用部位是嫩茎和叶，营养价值很高，并有较大的医疗功能。

（一）空心菜育苗方式

空心菜可用种子播种育苗，也可用腋芽扦插育苗。北方地区多在早春利用温室育苗。扦插育苗，在空心菜长出侧芽后，利用侧芽在温室、塑料棚内扦插，待长出新根后，移栽到田间。

空心菜爬蔓后，茎节接触到土壤，均能长出发达的不定根，剪取带有不定根的茎节，栽植到田间就能成活，利用这种无性繁殖方法，可不必育苗，随时都可挖取带根的茎节进行栽培。

（二）空心菜育苗技术

空心菜种子种皮厚、坚硬，吸水困难，一般不易发芽，因此，用种子播种育苗，播种前种子需用50℃左右热水烫种20～25min，然后用温水浸种36h，使种子充分吸水膨胀，中间用温水投洗1～2次，在25～28℃条件下催芽。

床土用疏松肥沃的草炭土或腐叶土，也可用大田土拌入充分腐熟的有机肥。床土耧平后浇透底水，单粒点播，种子之间距离6cm×6cm，也可撒播或条播，但不可过密，亩用种量5～10kg，播种后盖土1cm，并扣小拱棚保温保湿，白天保持25～28℃，夜间15℃左右，一般6～7d出苗。当苗高5～7cm时，叶面喷施0.1%氮肥，苗床经常保持高温高湿状态，一般日历苗龄30d左右，苗高15～20cm时即可定植。

扦插育苗，在田间选取10～20cm长的侧芽，剪下后，斜插到苗床内，深度5cm左右，苗距6cm×6cm。早春可用电热温床或酿热物温床，以利提高地温加快发根。扦播后浇透水，上面扣小棚保温保湿，土温保持15～20℃，气温白天25℃左右，夜间15℃左右，15～20d新根长出后，即可挖苗定植。

夏季扦插，生根前需用无纺布或遮阳网遮光降温、防雨水冲击。

扦插育苗要经常保持床土温润，并经常防治病虫害，主要病害是锈病，可用75%百菌清600倍液或65%代森锌500倍液防治。虫害主要有菜青虫、蚱蜢和斜纹夜蛾等，用20%速灭杀丁3 000倍液防治。

五、木耳菜育苗技术

木耳菜［*Gynura cusimbua*（D. Don）S. Moore in Journ.］又称落葵、脑脂菜和豆腐菜，为蔓性一年生蔬菜，食叶嫩梢，营养价值较高，是营养保健型蔬菜。

（一）繁殖方法

木耳菜可用种子繁殖，也可用扦插无性繁殖。

用种子繁殖，北方地区为了提早上市、延长采收期和提高产量，多在早春播种育苗。生长期长的地方，也可在终霜前5d露地直播。

木耳菜在潮湿的土表上很容易发生不定根，并且根系发达，因此可进行扦插繁殖。

（二）育苗技术要点

1. 播种育苗　空心菜喜温怕霜冻，苗期温度要求较高。播种前种子先用 50～60℃热水烫种 20min，烫种时要不断搅动，不但能杀死种子上的病原菌，并能加快种子发芽，然后浸种 36～48h，使种子充分吸水膨胀，在 25～28℃条件下催芽。床土要求肥沃、疏松和透气。北方温室早春育苗，最好用育苗箱摆放在架子上育苗，有利提高地温，或用土壤电热线加温育苗。浇透底水后撒播或条播，亩播种量 6～9kg，覆土 1cm。日历苗龄 35～40d，4～5 片真叶时定植。

播种后出苗前，保持较高温度，尤其土温应保持 15～20℃，白天气温 25～30℃，夜间 18～20℃。因此，在温室内育苗时，应在苗床上再扣小棚保温保湿。出苗后适当降温并增强光照，防止徒长，白天 20～25℃，夜间 14～15℃，床土应经常保持湿润。

2. 扦插育苗 多用于夏季栽培。在成株上选取 15～20cm 侧芽，整地筑畦，施足底肥并耙细耧平，按行距 6cm、株距 6cm，把侧芽斜插到畦内，浇透水，用无纺布或遮阳网扣小拱棚，遮光降温防雨，并经常保持床土温润，一般经 15～20d 新根长、出即可定植到田间。

六、芦笋育苗技术

芦笋（*Asparagus officinalis* L.）又称石刁柏、龙须菜，属百合科多年生草本植物，食用部位是嫩茎，有很高的药用价值和营养保健功能，是世界十大名菜之一，也是出口外销的主要蔬菜。

芦笋的繁殖方法，主要用播种育苗，也可利用无性繁殖方法，即在晚秋或早春，切割带有潜伏芽和肉质根的株丛，进行分株繁殖，能提前进入采收期，但繁殖数量少。生产中大量繁殖主要还是用种子播种育苗。

（一）育苗场地选择

芦笋苗期较长，根系发达，育苗场地应选土质疏松肥沃、排水良好的地块，可在温室、温床或小棚内育苗，也可在露地育苗（彩图 4-3）。

育苗床土配制的比例是，沙质壤土或草炭土 5 份、充分腐熟的有机肥 4 份、细河沙 1 份，充分拌匀。育苗时间从 3 月一直可延续到 6 月，根据栽培条件，可随时播种育苗。

（二）种子处理与播种

芦笋种子皮厚坚硬，外面有一层蜡质，吸水发芽都较困难。因此，播种前先用凉水对种子进行漂选，漂去不成熟的和虫蛀的种子，然后用

30～40℃温水浸泡 2～3d，每天换水并投洗 1～2 次，待种子充分吸水膨胀后，捞出种子，在 20～25℃条件下催芽，催芽过程中，每天还要用清水投洗 1 次，一般需 4～5d 出芽，亩用种量 1kg。

苗床筑低畦，耕细耧平后，铺 10cm 厚床土，浇透底水，水渗后，用竹片或薄木板条，按株行距 10～12cm 压成方格，沟深 2cm，在方格沟的交叉处，播 1 粒已出芽的种子，未发芽的种子需播 2～3 粒，然后盖疏松的床土 2～3cm 厚。

早春用温室、温床和小棚等育苗，出苗前苗床内保持较高温度，白天 25～28℃，夜间 18～20℃。夏季露地育苗，催芽播种后，用遮阳网或无纺布小拱棚覆盖，防止日晒雨淋。

（三）苗期管理

早春在温室、温床和小棚内育苗，出苗后应适当降低温度，白天苗床内保持 20～25℃，温度过高时要进行通风降温，夜间 14～15℃。出苗后 20d 左右，进行 1 次追肥，每平方米苗床用尿素 5g、硫酸钾 2g，埋在苗间，注意不要碰到叶片上，追肥后立即用喷壶浇水，浇透为止。苗床内经常管理主要是勤松土和防除杂草，防止土壤板结，保持床土见湿见干。

夏季高温季节露地育苗，要用遮阳网或无纺布小拱棚覆盖，目的是防晒、防雨和降温。雨水过多时，应及时排除苗床内积水，如果长期积水，鳞芽容易腐烂，影响定植后成活。

苗期应及时防治虫害，主要是蝼蛄和蛴螬，可用敌敌畏乳剂加水 1 200～1 500 倍喷洒防治。

幼苗长出 4～5 个幼茎即可定植，需日历苗龄 60～70d。

七、香椿育苗技术

香椿（*Toona sinensis* Roem.）是营养非常丰富、味道鲜美的蔬菜，而香椿属楝科高大的落叶乔木。近年来，北方各地利用温室进行矮化密植栽培，取得较高的经济效益，并使香椿芽能在冬季和早春供应市场，丰富了“菜篮子”，这一新技术的应用关键之一是育苗技术。

（一）香椿繁殖方法

1. 埋根繁殖　在有香椿树的地方，春秋季节，选用 1～2 年生苗木根或母树侧根，剪成长 15～20cm 的根段。苗床采用低畦，施足底肥，耙细搂平，行距40cm，株距20cm，把根段插条粗头向上，细头朝下，插入苗床中，露出地面1～2cm，经常保持床土湿润，当苗长到10cm高时，去掉弱芽，只保留1个壮芽促使生长。

2. 分根繁殖 早春或晚秋季节，在粗壮无病的香椿树干周围，挖一深50cm、宽30cm的沟，用铁锹切断部分树根，在沟内施入土杂肥，浇透水，水渗后把土填平，早春4～5月即可发出大量根蘖苗，第二年春季或当年晚秋就可栽到温室或大棚里进行栽培。

3. 插条繁殖 春季选用一年生苗木，剪成长15～20cm的树条，剪口上平下斜，把剪下的树条全泡在ABT生根粉中，生根粉水溶液浓度为1/10 000，共浸泡4～6h，然后把枝条斜面朝下扦插到苗床中，行距40cm，株距20cm，地面上露出1～3cm，扣塑料小拱棚保温保湿，待发芽长根后，于霜冻结束，去掉小棚进行露地管理。

4. 种子繁殖 利用种子繁殖，首先要抓住采种时机。香椿果实刚一成熟，果皮就纵裂向外卷起，种子则随风远扬，不易采集。采摘过早，种子尚未成熟，播种后则不出苗。北方干燥地区，在10月中旬，当果皮颜色刚由绿变黄、尚未裂开时，说明内部种胚已达成熟阶段，应及时将果实摘下，在光下任其自然干燥。当果皮干燥裂开后，种子即可从果实内脱出，扬去杂质，以2倍于种子的湿沙，装入缸或罐中，放在1～5℃低温下保存。香椿种子发芽率只有60%，如果保存不当，极易丧失发芽力。

（二）香椿播种育苗技术

香椿育苗场所，在北方寒冷地区，主要在温室、温床或小棚内育苗，华北地区可在日平均最低温度稳定通过1～5℃时，在露地播种育苗。

播种前，种子先用0.1%福尔马林水溶液浸泡15min消毒，然后捞出用清水投洗干净，在温水中浸种15～20h，每天用清水投洗1～2次，种子吸水膨胀后，装入布袋中，在25℃左右条件下催芽，当小芽长到小米粒大小时就可播种。

苗床施足有机肥，耙匀搂平，行距20～25cm，沟深3～4cm，浇透底水，水渗后条播，亩用种量1.5～2kg，覆土2cm左右。

出苗前，苗床内昼夜保持25℃左右，出苗后，白天20～25℃，夜间12～15℃，床土保持湿润，不能干旱。当幼苗出现2～3片真叶时，进行间苗，每隔10cm留1株，间掉的小苗带土掘出，移栽到另一苗床中，可节省苗木。间苗后应经常保持床土湿润。当苗高 20cm 左右时，结合浇水，亩追施硫酸铵 5～7.5kg 或尿素 10kg，促进秧苗生长旺盛。

晚秋落叶后，掘出苗木定植到温室内。也可挖苗后进行假植，寒冷地区可放到窖里，早春萌芽前再定植到大棚中。

苗期要及时防治病虫害，预防根腐病，喷 0.5%～1%波尔多液；白粉病用 1 500 倍粉锈宁防治；蚜虫、红蜘蛛用乐果、敌杀死等防治。

八、黄秋葵育苗技术

黄秋葵［*Abelmoschus esculentus*（Linn.）Moench.］又称羊角菜、羊角豆，为锦葵科一年生草本植物，是非洲、欧美地区热门蔬菜，我国南方虽有栽培，但尚未形成产区。黄秋葵以幼嫩的果实供食用，营养丰富，味道鲜美，具有多种保健和医疗功能。

（一）种子处理与播种

黄秋葵是喜温蔬菜，不耐霜冻，在北方只能在无霜季节露地栽培，更适宜温室、大棚等保护地栽培。为了提高产量，延长生长期，一般多在早春用温室育苗。

黄秋葵种皮较硬，不易发芽，播种前先用 50～55℃ 热水烫种 10～15min，起到消毒和软化种皮作用，捞出后用温水浸种 24h，使种子充分吸水膨胀，在 28～30℃较高温度下催芽。用 8cm×8cm 育苗钵，育入肥沃、疏松的床土，浇透底水后，每钵内放入已出芽的种子 1 粒，未出芽的种子放 3～4 粒，盖土 2～3cm，每亩用种量 1～1.5kg。

（二）苗期管理

出苗前，苗床内保持高温，为此温室内应扣小棚，白天保持 28～30℃，夜间 20℃左右，土温 20℃，出苗后，白天揭开小棚，气温保持25～28℃，夜间 17～18℃，并保持床土湿润。在幼苗第一片真叶展开时，每钵内选留 1 株健壮秧苗，其余连根拔掉，苗期 30d 左右。

黄秋葵抗病虫能力较强，但苗期低温高湿易患猝倒病和立枯病，高温高湿易发生黑斑病，可用 800 倍液的百菌清与 1 000 倍液的甲基托布津交替喷洒进行防治。

蚜虫、螟虫等危害，可用敌敌畏或溴氰菊酯等防治。

第五章　蔬菜育苗产业的组织与管理

第一节　蔬菜育苗业的计划及管理

作为一个蔬菜育苗企业，计划与管理工作关系到产品质量及经营状况，优化的育苗技术体系及先进的育苗设施、设备的作用能否充分发挥，关键在于计划及管理的水平（葛晓光，1995）。

一、蔬菜育苗业的生产计划及其制订原则

在众多方面的计划中，主要是生产计划，其他计划的制订都以生产任务为主要依据。蔬菜育苗业生产计划的内容应包括以下 3 个主要方面：生产任务计划、任务落实计划及财务计划。生产任务计划是依据市场需求、订购合同及生产能力决定。作为一个企业，其生产任务的饱和度即最大生产能力应该是心中有数，而且每年的变化也不会很大，可以根据上年的实际完成情况来确定。除了保证合同任务的完成外，主要应依据市场需求的变化及预测对上年的生产任务做适当的调整，争取获得更大的效益。生产任务确定后，还必须将任务落实到全年各个时期，并与土地及设施的利用相配套，在任务落实中，应着重考虑设施的充分利用以及生产潜力的挖掘，以此对生产任务计划做进一步的调整。财务计划是从经济核算角度预测当年生产任务完成后的经济效益及经济效果，其中包括产品成本、经济效益与产投比的计算，以此进一步监测生产任务确定的合理性。如在效益上达不到预定的目标，也应该对生产任务计划做局部的调整。

在制订生产计划时，应注意以下原则：

（一）制订育苗生产计划时应留有余地

特别对合同任务的完成应有较大的安全系数，一般为 15%～20%。即使在育苗设施、设备条件较为先进与完善条件下，育苗中也避免不了一

定的风险及不可预测的问题，如气候条件骤然变化的影响、病虫害的发生以及技术操作及管理上的失误等，留有余地对保持生产的稳定及企业的信誉有重要意义。

（二）为获得更大的育苗经济效益，在计划制订过程中应考虑到生产潜力的挖掘

一方面，要尽可能地节约能源、物资及资金的投入；另一方面，应尽可能提高现有设施、设备的利用率，育出更多、更好的蔬菜秧苗。这是提高育苗业经济效益的重要途径之一，它不仅与管理工作有关，更主要的应从改进技术或技术合理组合上想办法，既保证秧苗的质量，又能增加产值和效益。例如，温室及电热温床的多茬利用等。

（三）提高经济效益和市场知名度

在依据市场需求及合同要求确定生产任务的同时，还应充分发挥本单位资源（特别是种质资源）的优势及技术优势，生产批量的拳头产品，以提高经济效益及市场知名度。例如，培育出具有特殊优良品种的蔬菜秧苗或抗病力较强的嫁接苗等。这样，育苗企业在秧苗生产中就具有自己的特色，为扩大经营规模及占领市场创造有利条件。

（四）蔬菜育苗企业任务的确定

应本着以一季为主，全年开发，一类苗为主，多类苗并存，以菜苗为主，也育其他作物如花卉、草莓等有价值的秧苗；以育苗为主，还可兼顾其他产业，特别是与育苗有关的产业如繁种、有机质加工等，以扩大企业的业务范围，争取更大的效益。

二、蔬菜育苗业的管理体制及其特点

作为一个产业，必须实行企业化管理，即使在发展初期，如我国目前各地发展的蔬菜育苗中心，具有服务体系的性质，但也应逐步走上企业化管理的轨道，否则不利于育苗产业的发展。

正规的现代蔬菜育苗业，如育苗公司应该建立科技、生产、供销的三元一体的管理体制。科技部的主要任务是制定与改进育苗技术规范并监督实施，引进、研究并开发利用新技术，只有在技术上不断进步，才能增强市场的竞争力。生产部的任务是按确定的技术规范及育苗程序或工艺流程组织生产，按计划时间保质、保量地生产秧苗。在秧苗生产过程中必须执

行严格的操作规格，科学地组织与利用劳力，防止生产事故的发生，并建立明确的生产责任制及必要的规章制度。供销部的主要任务是负责产前的育苗物资的准备及产后秧苗的销售。在物资准备方面，除一般物资外，最重要的是保证育苗用种的品种质量及发芽质量以及培养土（或基质）制作原料的质量。在秧苗销售方面，应着重于产品宣传、签订合同、按期供货和追踪调查等工作。以上 3 个部门都很重要，各司其职，但又相互联系，很难在作用上分隔。

与其他农业企业不同，蔬菜育苗业在管理上有其一定特点：

（一）育苗的时间性

蔬菜秧苗是供给蔬菜生产者作为种植材料应用的柔嫩、活体的特殊生产资料，难于运输与保存，在时间要求上非常严格。提前供苗，生产者由于季节或换茬等原因不能栽植，保存数日后成活率降低；延迟供苗，生产者不能按时栽植，影响早熟及产量，特别对保护地及露地早熟栽培影响更大。在组织生产时，必须有严格的时间观念，严格按技术规范进行操作，确保按时成苗，并要精心组织包装、运输等环节的作业，保质、按时供给秧苗。考虑到农业生产的特殊性，在签订合同时，在供苗时间上也应有一个幅度，以免被动。

（二）育苗条件的制约性

与一般工业产品的生产不同，其产品形成的速度及质量不仅决定于原料及操作技术，更主要是受育苗环境的影响。在秧苗生产过程中，秧苗生态条件的改变会完全打破原来制订的计划要求，特别在育苗设施、设备不够完善的条件下，此类事件是会经常发生的。因此，一方面，在制订计划时要充分考虑育苗条件的影响因素；另一方面，在管理上也应有所准备，一旦出现不正常情况，应采取措施及时补救。例如，催芽出苗期延长，必须在小苗培育期适当提高温度加以弥补等。

1. 品种的区域性 蔬菜秧苗是蔬菜生产过程中作为生产资料使用的中间产品，而各地蔬菜生产对品种的要求及品种的适应性也有较大差别，品种不对路，秧苗质量再好，生产者不可能接受。因此，不但在组织与计划生产时要考虑这个特点，在产品销售的区域性特点上也必须注意，从签订合同时就应明确产品品种的适应范围，销售时也应标明品种的名称及特性，以免造成生产的损失或产生不必要的纠纷。

2. 按质论价　在蔬菜生产区，各种蔬菜不同栽培时期需用的秧苗价格，都大致有个标准，但秧苗的质量却千差万别，为维护育苗企业的信誉，必须坚持按质论价的原则，使生产者在购苗时有选择的余地。因此，育苗企业应该在秧苗质量上有明确的标准，保证质量分等合理，价格公道，绝对防止优劣苗一个价，甚至以劣充优的现象发生。

三、育苗设施的配套及综合利用

在制订与落实蔬菜育苗计划以及组织生产过程中，必然要涉及与育苗程序的实施相应的设施配套问题。也就是说，育苗程序成套，育苗设施也必须配套，才能保证育苗顺利的进行。

（一）设施的配套

各级育苗程序所用的设施之间，在面积上要有一个合理比例。各种设施的比例是由各级苗床面积比例确定的，而各级程序所用的育苗面积，则是由秧苗株行距来确定的。

现代蔬菜育苗的趋势是尽可能减少育苗环节，减少用工。在全国各地蔬菜育苗技术改革中，也倾向于进行一次分苗，即只有播种床面积与成苗床面积（小苗期与成苗期合并）。这样，就将成苗期提前，所需用设施的面积和时期必须根据育苗时期及种类而定，如果实行一次分苗（如甘蓝比较耐寒，于分苗时直接进入大棚内的成苗床），则按二级面积计算。但有时茄果类等不耐寒蔬菜分苗后立即进入大棚还可能遭受寒害，必须在温室内度过缓苗期再进棚，则育苗期可分 2 个阶段，即籽苗期与成苗期，但配套的育苗设备利用还是按 3 个阶段计算。在机械化播种进行育苗的专业化育苗场，往往都是播种时“一次到位”，即在育苗盘内直播，育苗期内不行分苗。但由于各个育苗期所需条件不同，在育苗设施配套上也应进行计算，至少有以下 2 个步骤：利用催芽室（或催芽库）催芽出苗—温室或大棚绿化成苗。像这样的育苗程序在面积上及设施配套上都不难计算，但在计划生产时必须事先计算好，以免计划与实施不衔接而造成被动局面。

（二）设施的综合利用

一般生产单位的蔬菜种植结构都比较复杂，有温室、大棚生产，也有露地生产，蔬菜多种多样，播期也不一致。因此，在开始育苗前，必须根据各项蔬菜育苗任务对配套设施的要求做出育苗计划，排开播种，分期育苗，以提高设施的利用率及培育更多、更好的秧苗为中心进行合理设计。

为了挖掘设施的育苗潜力，增加秧苗产量及降低育苗成本，在设施综合利用上可采用以下途径：

1. 一床多用 一般蔬菜育苗的籽苗期不超过15～20d，籽苗移植后，播种床可以再播二茬甚至连续三茬。在温室培育的大棚秧苗，定植后还可利用空闲温室培育露地早熟栽培秧苗。尤其是电热温床，一床多用作用更大，不仅提高了苗床的利用率，电热设备也可一年多茬使用，降低生产成本，而且“热炕热灶”还可节约用电。

2. 立体育苗 立体育苗是比较普遍采用的一种充分利用设施的方法。催芽室（催芽库）都是采用多层的立体育苗方法。小苗期和成苗期，也可在温室中北部增加2～3层立架，利用阳光的斜射而上下层互不影响进行育苗，也显著地增加保护地内的有效育苗面积。立架也可采用阶梯式、推拉式甚至旋转式，以秧苗充分见光，增加有效育苗面积为目的，方式方法多样，可以依据育苗条件选用或创新。

3. 见缝插针 一般可利用保护地生产定植前后的空间地抢育秧苗，可提高保护地利用率，大大降低育苗成本。例如，大棚黄瓜定植前抢育一茬甘蓝、花椰菜和莴苣（笋）等较耐寒的蔬菜成苗，也可于黄瓜定植时，在行间（1m行距）培育番茄、茄子和辣椒等果菜成苗，都是行之有效的成功经验。在育苗设施不足时，也还可以利用喜温性果菜育苗温室前沿或大棚果菜育苗的四周低温区育一些耐寒性蔬菜秧苗，既提高了设施利用效率，也保证果菜秧苗整齐一致的生长。

第二节 蔬菜秧苗的运输

从育苗到定植，不论距离远近，都需要运输，但在自育自用情况下，从育苗场到定植田距离一般很近，运输方法简单（葛晓光，1995）。这里所说的秧苗运输，是指异地育苗的长途运输。

一、异地育苗运输的意义及条件

蔬菜秧苗，作为一种商品，在地区间流动也是正常的事。由于长期以来，我国蔬菜商品性生产不太发达，蔬菜产销体制基本上是“就地生产，就地供应”，加上交通、运输条件的限制，除少数很容易运输的秧苗如洋葱、甘薯等有进行异地育苗运输外，其他都在当地育苗，自育自用。随着蔬菜商品性生产的发展，特别是蔬菜育苗业产业的发展以及育苗技术及交通条件的改善，异地育苗运输也会随之兴起。异地育苗运输的意义主要表现在以下几个方面：

（一）可以利用纬度差、海拔高度差或地区间小气候差别进行育苗，节约育苗能耗，提高秧苗质量，降低育苗成本

例如，大连和哈尔滨之间相距 900 多 km，纬度相差约 6°左右，平均终霜日期相差 28d，各栽培型的蔬菜育苗期相差 20～30d。这样，在大连地区培育哈尔滨所需要的保护地及露地早熟栽培的秧苗，运至该地定植，加上运输的能耗及费用也较合算。再如，内蒙古乌兰浩特市与大兴安岭阿尔山相距不足 300km，气候却相差 1 个月左右，完全具备异地育苗运输的良好条件。我国春季南北之间温差很大，甲地可以用露地或简易保护地育苗时，乙地可能还要在加温温室育苗，利用这种差异发展异地育苗运输是可行的。相反，也可在夏季气候比较温和的地区或海拔较高的山区为夏季炎热或平原地区培育夏秋季或秋延晚栽培秧苗，这种异地育苗可明显提高秧苗质量，减轻苗期病害的发生。

（二）可以利用地区的资源优势及技术优势为异地培育成本较低、质量较高的蔬菜秧苗

蔬菜保护地育苗的集约化程度较高，对设施及技术要求也较严格。一般在新发展的菜区如远郊、农区或技术比较落后的地区，要创造比较完善的保护地育苗设施及掌握较好的育苗技术难度较大。在这些地区，农民可以培育成本较低的菜苗，但秧苗质量普遍较低，影响产量、产值的提高。如果在城郊或其他资源优势及技术优势较强的地区发展蔬菜育苗业，运输至上述地区，对发展新兴菜区蔬菜生产会起到一定的推动作用。

（三）有利于较大范围内形成较完善的蔬菜产业体系，推动蔬菜商品性生产的发展

蔬菜产业体系的形成是促进商品性生产、发展的重要条件。就一个地区来看，在较短时期内，建立完善的蔬菜产业体系不仅难度较大，且会受到种种条件的限制而影响效益的提高，成为发展产业的限制因子。如果利

用地区间资源的差异建立较大范围的产业体系结构，就有可能加快产业体系建设的进程，促进蔬菜生产的发展。异地育苗运输就是适应这种要求而出现的一种产业，不仅具有较大的经济效益，也有巨大的社会效益。世界上一些国家如美国、荷兰、法国和意大利等，建有许多现代化的蔬菜育苗公司，培育的秧苗商品，多数运往异地定植，有的长距离运输，还有的出口销往国外。例如，荷兰的贝卡康普育苗公司有玻璃温室 8.5hm^2，年产各种菜苗 2.5 亿株，出口占 60%。荷兰的温室种植者几乎都是买苗种植，自育自用的不足 1%。美国南部各州每年都培育大量的蔬菜秧苗运往北方，特别是春季露地栽培所用秧苗，几乎都是从南方运输，自育自用的很少。例如，佐治亚州每年运往中部或北部的加工栽培用的番茄秧苗就有几亿株。法国冯·登·贝肯洛姆父子育苗公司，有玻璃温室 12hm^2，年产各种菜苗 2.5 亿株，平均每个劳动力生产 350 万株，其中出口量占 60%。

近年来，随着我国蔬菜商品性生产的发展，各地先后建立起一些蔬菜育苗中心，也培育批量的商品苗销售，其中也有些运往外地栽植，但运输距离较短，主要用于秧苗不足的调剂。除少数育苗中心在育苗前签订购苗合同或协议者外，不少都属临时性的流动，缺乏预先的计划。但是，由于异地育苗的优越性及可能获得较高的效益，随着各地蔬菜育苗中心的发展及技术的提高，特别是交通及运输条件的改善，异地育苗运输，包括远距离的长途运输必定会逐渐兴起。

异地育苗运输的发展是有条件的：首先，应该在经济上核算，这是前提条件，应使秧苗用户乐于接受商品苗的价格，且育苗者也有利可图。因此，育苗成本＋运输费用＋最低的利润≤用户在当地培育同等质量秧苗所需的成本费。其次，秧苗的技术含量高，必须品种对路且优良，秧苗质量好，秧苗定植后的效益较高。最后，应具有稳定而畅通的销售渠道及适合的包装及运输条件，保证快速、定向、保质地运输，定植成活率高。上述条件是缺一不可的，但条件又是人创造的，因此，必须解放思想，冲破长期的传统农业思想的束缚，勇于探索，积极稳妥地去开发，才能获得成功。

二、运输的方法及技术

（一）包装容器及运输工具

秧苗运输用包装箱多种，有专为运输一定种类秧苗特制的包装箱，但一般都是用纸箱、木条箱、木箱和塑料箱等包装。作为一个常年进行秧苗生产的育苗公司，必须制作有本公司商标且较适用的包装箱。包装箱的质量可有不同，较近的距离可用简易的纸箱或木条箱，以降低包装成本，远距离运输的应考虑箱的容量，能多层摆放充分利用空间，且容器应有一定的强度，能经受一定压力和运输途中的颠簸（彩图 5-1）。

运输工具因距离而异，在同一城市或同一区、乡内，可以用一些简单的工具如拖拉机、推车或一般汽车运输；远距离的运输只能依靠火车或大容量汽车。从快速、保质的角度看，以用汽车，特别是具有调温、调湿装置的汽车最为理想，可以直接由育苗工厂运至异地定植场所，无须多次搬动，以免秧苗受损。秧苗重量不大，但装箱后体积不小，为节约运输费用，应采用大容量运输汽车运输，可降低运输成本，对于价格较高的秧苗或运输成本划算的情况下，也可采用飞机空运。

（二）育苗方法及苗龄

为便于运输，育苗方法必须注意。我国现行的大坨大苗床土育苗法不适于远途运输，以采用无土育苗法为好。在无土育苗中，一般水培及基质培（沙砾、炉渣等做基质）都可以应用，但起苗后根系全部裸露，如不采用根系保湿及保护等措施，经长途运输后，成活率会受到一定影响。从质轻、保湿及护根角度考虑，以采用岩棉、草炭作为基质较为理想。穴盘育苗法是国外普遍采用的一种无土育苗法，基质用量少，护根效果好，便于装箱运输。近年来，在我国各地也开始推广应用，是一种较适合秧苗运输的无土育苗方法。

一般来说，远距离运输的秧苗苗龄不宜太大，尤其是带土的秧苗，应以小苗为宜。小苗龄时秧苗株小叶片少，运输过程中不易受损，单株运输成本较低。但是，在蔬菜季节差价很大、早期产量高低对产值影响显著条件下，专为保护地及春季露地早熟栽培培育的秧苗，苗龄太小显然不能满足用户的要求，以培育中等偏大的秧苗更为有利。根据国内外试验证明，只要秧苗质量高，根系发育好，中等偏大的秧苗（如 6～7 片真叶时的现蕾番茄苗）在早熟性及早期产量上不一定比大苗（顶花或已有个别开花的番茄苗）差，由于前者根系活力比较旺盛，定植后缓苗生长速度较快，反而对早熟有利，且不易早衰。

(三) 运输前准备

运输前应做好以下准备工作：①做好运输计划，其中包括运输数量、种类、时间、工具及方法，并通知用户方做好定植的准备工作；②注意天气预报，确定具体起程日期，通知育苗场及用户，并做好运前的防护准备，特别在冬春季由南向北运苗，应做好秧苗防寒防冻准备；③运前秧苗包装工作应加速进行，尽量减少秧苗的搬运次数，将损失降到最低程度。应将装苗容器运至育苗场包装。

为了保证和提高运输苗的成活率，在定植前应注意根系保护及根系处理。穴盘育苗时，应先用一定方法振动秧苗，使穴内苗块与穴盘分离，然后将苗取出，带基质一个挨一个摆放于箱内，如果是一般的水培苗或基质培苗，取苗后基本上没有基质，可由数十株至百株（视苗大小）扎成一捆，用保湿包装材料将根部裹好再装箱。

在起苗前几天应进行秧苗锻炼，逐渐降温，适当少浇或不浇营养液，以增强秧苗抗逆性。在起苗后也可进行根系处理，保护根系，如将营养土洗去后，蘸上用营养液拌和的泥浆护根，再用塑料薄膜覆盖保湿，可提高定植后的成活率及缓苗速度。也可于运前进行秧苗药物或其他化学处理，如国外研究，对远途运输的番茄苗用“乙烯利”（浓度为 300μmol/L）处理，可促进秧苗定植后的缓苗及发根，从而提高产量。也有人试验，番茄秧苗根部用 800 倍的 KH-841 水溶液处理，不论存放 48h 或 72h，其果实数均高于对照，如果进行长距离运输，可以采用 KH-841 这类保根药剂处理，有助于减少萎蔫，提高缓苗力。也有人试验，在起苗前对秧苗进行喷施 2%蔗糖溶液，有利于秧苗定植后的恢复生长。

(四) 运输

为快速运输，缩短起苗至定植的时间，远距离运输时应配有 2 名司机，日夜兼程，中途不宜过长时间停留。运到地点后应尽早交给用户，及时定植。如用带有温湿度调节的运输车运苗，应注意调节温湿度，防止高、低温危害及病害发生；没有调节装置的一般运输车，也应在苗箱内外设温度计，依此判断温度适宜状况，做适当的处理。如春季从南往北运苗，必须有防寒的准备，防止秧苗受冻。在运输过程中，果菜秧苗（番茄、茄子、辣椒和黄瓜等）的适宜温度范围为 10～21℃，低于 4℃或高于 25℃均不适宜。结球莴苣、甘蓝等耐寒草叶菜秧苗，在 5～6℃低温下运输，对秧苗成活不会有太大影响。

第三节 育苗效益的分析

蔬菜育苗，特别是投入大、效益高的保护地育苗，无论是作为蔬菜生产的一个组成部分或作为独立的生产部门，都必须重视育苗效果的分析（葛晓光，1995）。特别在育苗专业化、商品化的条件下，更应注意并认真做好效益分析工作，不仅为不断改进育苗技术、评价育苗技术方案或某些技术环节的技术效果提供可靠的依据，且为不断提高育苗业的经营管理水平创造必要的条件。

育苗效益是包含诸多含义的总的概念，从大的方面看，可分为3个方面、2个部分。3个方面为经济效益、生态效益和生产效益，2个部分为秧苗生产效益及用苗生产效益，前者为育苗者的效益，后者为用苗者的效益。3个方面的效益可以用综合指标体系来评价，例如，生态效益可以通过光能利用率、积温增加率、热能结构比、能量产投比、辅加热能置换率和秧苗生理适应性等功能指标来评价，这些指标设置的目的在于从生态的角度对秧苗生态系统与外部因素之间各种投入与产出的效率进行计算与分析。一方面，可以从生态功能上反映出秧苗生产的环境及技术的适宜度；另一方面，也为判断育苗效益提供有用的生态学的依据。又如，生产效益可以通过设施利用率、壮苗百分率、秧苗商品率和秧苗增产率等指标来评价，可以进一步分析蔬菜秧苗生产的效果及其改进生产的潜力。对生态效益及生产效益的评价和分析也可以认为是对经济效益分析的基础和前提，因为其效益的组成或作用直接与经济效益有关。可以认为，经济效益高，生态效益及生产效益不一定高，但这种暂时的经济效益不可能持久，最终会导致经济效益的下降，相反，生态效益及生产效益的提高，为经济效益的提高打下良好基础，甚至可以直接产生经济效益。因此，对于大型的专业化的育苗中心或公司，应该建立比较全面的育苗效果评价体系，进行综合性评价，以提高企业的现代化水平（葛晓光，张智敏，1990）。

如前所述，在培育商品苗条件下，育苗经济效益可以明显地分解为育苗者经济效益及用苗者经济效益2个部分。秧苗出售的价格就反映出以上两方面效益的分配；售价较高，超出育苗者应该分享的部分，则生产者

（购苗者）应得的效益受到损害，反之，售价过低，则将整个育苗经济效益的大部甚至全部转让给生产者，育苗企业得不到应有的效益，无法维持和发展生产。从另一方面看，秧苗售价高低，也反映出市场效益的大小，因为秧苗售价高低，除决定于秧苗的生产费用（或成本）外，主要决定于秧苗增值率的大小，而增值率只是一种估计值，在实现过程中要受到来自市场、生产变化的影响和冲击。所以，秧苗销售时，往往都是在大于增值率，且在市场可以接受的范围内定价，这样，实际所获得的经济效益就不仅是来自秧苗增值率，还包括市场效益部分。

从育苗阶段分析，与育苗经济效益有关的因素主要有增值率、育苗费用及市场效益。秧苗增值率是增产率的经济表现形态，决定于秧苗质量及市场蔬菜商品价格，如果增产率已定，可以根据每年的平均苗价计算出增值率。增值率越高的秧苗，应该产生更大的经济效益。市场效益部分主要是指市场菜苗余缺造成的价格调节或秧苗生产竞争能力而带来的经济效益的变化，这一部分效益虽然和秧苗质量有一定关系，更主要的是取决于经营管理水平及市场流通状况。与育苗经济效益关系最大，且完全可以通过合理的科学技术及管理手段来控制秧苗生产的投入，即生产费用，它关系到秧苗质量、秧苗增值率及培育秧苗的成本，从而左右其价格。

蔬菜春季保护地育苗的生产费用较高，主要由以下几方面构成：设施设备费（折旧费）、加温费（包括燃料费、加温人工费）、人工费（包括育苗用工及管理用工）、床土制作费（包括有机肥、无机肥和人工等费用）、种子费以及应分摊到育苗成本中的其他费用。这些费用的投入是必需的，但投入的大小与育苗的经济效益之间有密切联系。可以将二者的关系分为6种情况（顾晓平，2007）。

（1）增加投入，育苗成本提高，但经济效益提高更大。例如，黄瓜、茄子嫁接苗的培育，增加了砧木用种及嫁接用工等投入，但由于有效地防治了黄瓜枯萎病及茄子黄萎病等土传病害，效益大增，产投比明显提高。在土传病害较严重，特别是保护地生产，这种投入的增加是完全合算的。

（2）增加投入，育苗成本提高，产量、产值有所增加，但经济效益却提高不大。例如，蔬菜无土育苗比一般床土育苗投入较大，秧苗质量也较好，但与床土培育的优质苗相比，增产率的增高所获的效益在一定程度上被成本的提高所抵消。对于这样的投入增加，就应根据育苗当时的具体情况来决定，如床土育苗的条件好，就不一定推行无土育苗；如配制优质床土的原料来源困难，或为了秧苗运输的方便等原因，也可应用无土育苗方法。

（3）投入增加，育苗成本提高，对提高秧苗质量虽有效果，但经济效益反而下降。有一些比较先进的技术在育苗中未能利用，这是重要原因之一。例如，在育苗期间光照不足条件下实行人工补光，对提高秧苗质量是有效果的，但由于耗电量较大，加上人工照明的设施占用的费用，有可能影响经济效益的提高，甚至有所下降。对这类技术，除非特殊情况，一般要取慎重态度，首先应考虑通过改善保护地采光性能等措施来解决。

（4）投入减少，育苗成本下降，秧苗质量显著降低，经济收益也不高。这是当前育苗中普遍存在的问题，即只顾省工、省事和省钱，而忽视了对秧苗质量的影响，导致大量的劣质苗产生，秧苗生产力低下。例如，秧苗面积过小，床土质量不佳，应用旧、破塑料薄膜育苗，不注意秧苗根系保护，不注意提高地温等，是当前育苗改革中应该注意的问题。

（5）投入减少，育苗成本下降，但对秧苗质量稍有影响或影响不大，而经济效益却因此得到一定程度的提高。例如，在育苗过程中，用人力代替一部分环节的机械操作，在人工不太昂贵且不影响操作质量的情况下，可以明显地降低育苗成本，相应地提高经济效益。相反，如果人工费昂贵，有的操作环节采用机械操作质量更好，用机械操作可比人工操作获得更大的效益。对待这一类技术必须因地因条件选择应用，不能搞“一刀切”。

（6）投入减少，育苗成本下降，秧苗质量反而有所提高，经济效益也显著增加。在育苗技术中，特别是传统育苗技术中，的确有这样一类措施“劳民伤财”、“有害无益”。如过多地施用化肥，不必要的增加分苗次数，盲目地提早播种，延长育苗期等。这些也都是育苗改革中应该改革的不合理技术，逐步实现育苗技术的科学化、标准化。

总之，为了提高秧苗质量，争取更大的育苗经济效益，必须在投入上进行研究与分析，该“增”的就要“增”，该“减”的就必须“减”，将投入与经济效益统一起来全面考虑，防止片面性，消除盲目性，不断提高育苗技术水平。

参 考 文 献

安重莹，郑少文，等 . 2009. 不同配方营养液对炉渣基质培番茄幼苗生长的影响［D］. 太谷：山西农业大学 .

白汝瑾 . 2007. 盐胁迫下不同盐敏感型番茄蛋白质组分析［D］. 上海：上海交通大学 .

陈友 . 1996. 蔬菜育苗技术［M］. 北京：中国农业出版社 .

崔杰，郑少文 . 2004. 中国蔬菜产业发展研究［D］. 太谷：山西农业大学 .

丁晓蕾 . 2009. 二十世纪中国蔬菜科技发展研究［M］. 北京：中国三峡出版社 .

高寿利 . 2010. 我国设施园艺区域发展模式研究［D］. 北京：北京林业大学 .

高新昊，刘兆辉，等 . 2009. 秸秆基质的配比优化及在设施番茄栽培上的应用效果研究［J］. 土壤通报，40（5）：1147-1150.

葛晓光 . 1989. 蔬菜育苗大全［M］. 北京：中国农业科学技术出版社 .

葛晓光，张智敏 . 1990. 试论蔬菜保护地育苗的效果分析［J］. 中国蔬菜（3）：19-23.

顾晓平 . 2007. 无锡市蔬菜穴盘育苗技术探讨及发展对策［D］. 南京：南京农业大学 .

郭晓 . 2014. 不同填闲植物对连作黄瓜生长及土壤生态环境的影响［D］. 哈尔滨：东北农业大学 .

韩欢欢 . 2013. 西葫芦种株白粉病防控及抗性诱导［D］. 泰安：山东农业大学 .

赖佳，罗建明，杨敬，等 . 2014. 莴苣霜霉病的综合防治技术［J］. 上海蔬菜（3）：67-68.

李海平，郑少文，等 . 2006. 硼、锌对苦荞芽菜生长和品质的影响［J］. 北方园艺（5）：40-41.

李海平，郑少文，等 . 2008. 水杨酸浸种处理对黄瓜种子萌发和幼苗生长的影响［J］. 安徽农业科学，36（10）：3983-3984.

李海平，郑少文，等 . 2009. 赤霉素浸种对苦荞种子萌发生理特性的影响［J］. 山西农业科学，37（2）：19-21.

李莉莉 . 2012. 华东型连栋塑料温室环境智能控制系统的研究［D］. 上海：上海交通大学.

李灵芝，李海平，等 . 2008. 水杨酸浸种处理对黄瓜种子萌发和幼苗生长的影响［J］. 安徽农业科学，36（10）：3983-3984.

李庆典 . 1989. 温室大棚蔬菜育苗技术［M］. 北京：中国农业科学技术出版社 .

李庆典 . 2001. 蔬菜栽培［M］. 北京：中国广播电视大学出版社 .

李胜站 . 2009. 新型薄膜覆盖材料的性能分析及其应用效果的研究［D］. 杨凌：西北农林科技大学 .

刘在明 . 2007. 节能日光温室温光性能优化及其应用效果研究［D］. 哈尔滨：东北农业大学 .

刘宗立 . 2006. 蔬菜育苗营养块及其育苗新方法［J］. 河南农业科学（1）：75-77.

陆帼一 . 2002. 北方日光温室建造及配套设施［M］. 北京：金盾出版社 .

梅家琴 . 2008. 甘蓝及其野生种种质资源评价［D］. 重庆：西南大学 .

明月 . 2007. 日光温室结构优化设计研究［D］. 沈阳：沈阳农业大学 .

聂和民 . 1979. 塑料大棚蔬菜栽培［M］. 北京：中国农业科学技术出版社 .

孙治强，张志录 . 2012. 洋葱、大葱、大蒜标准化生产［M］. 郑州：河南科学技术出版社 .

谭俊杰 . 1982. 茄科果菜的起源和分类［J］. 河北农业大学学报，5（3）：16-32.

王化 . 1989. 上海蔬菜经济研究［M］. 北京：中国农业科学技术出版社 .

王克勤 . 2009. 芹菜黄酮类物质的分离纯化与药理功能研究［D］. 长沙：湖南农业大学 .

文乐欣 . 2012. 甜瓜种质资源香气成分多样性研究［D］. 天津：天津大学 .

谢春立 . 2011. 粘籽西瓜与籽瓜亚种间杂交种性状遗传研究［D］. 乌鲁木齐：新疆农业大学 .

邢世岩 . 1990. 电热温床在木本植物插条育苗中的应用［J］. 山东林业科技（4）：7-9.

薛书浩，孟焕文，等 . 2009. 复合基质在大棚番茄无土栽培上的应用研究［J］. 西北农林科技大学学报：自然科学版，37（11）：107-112.

杨其长 . 2006. 荷兰温室结构及其发展［D］. 北京：中国农业科学院农业环境与可持续发展研究所 .

杨顺江 . 2004. 中国蔬菜产业发展研究［D］. 武汉：华中农业大学 .

杨雪梅，谢琴淑 . 2009. 辣椒丰产栽培技术要点［J］. 农业科技与信息（1）：20-23.

应泉盛 . 2005. 氮钙硼对青花菜生理特性影响的研究［D］. 杭州：浙江大学 .

张志录 . 2012. 下沉式日光温室土质墙体传热特性的研究［D］. 郑州：河南农业大学 .

赵小伟，郑少文，等 . 2014. 菇渣复合基质对番茄幼苗生长的影响［D］. 太谷：山西农业大学 .

郑少文，等 . 2014. 黄瓜幼苗对硝酸钙胁迫耐受性研究［J］. 山西农业大学学报，34（3）：254-257.

周禹 . 2010. 芥蓝与甘蓝其他变种分类关系的研究［D］. 杭州：浙江大学 .

朱瑛 . 2007. 佛手瓜采后生理及种子休眠特性研究［D］. 杨凌：西北农林科技大学 .

彩图1-1　浸种

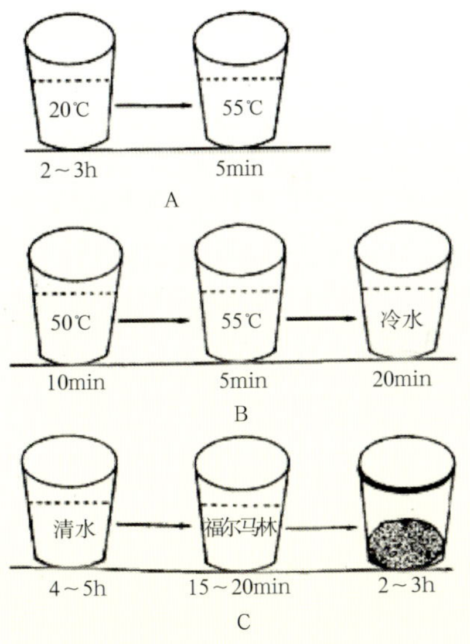

彩图1-2　种子消毒

彩图1-3　催芽

彩图1-4　分苗

彩图1-5　间苗

彩图1-6　电热温床育苗

彩图1-7　幼苗“戴帽”

彩图1-8　育苗基质

彩图1-9　营养液育苗

彩图1-10　塑料钵

彩图1-11　营养钵

彩图1-12　育苗营养块

彩图1-13　摆放育苗营养块待育苗

彩图1-14　基菲育苗块

彩图1-15　基菲育苗盘

彩图1-16　育苗盘育苗

彩图1-17　育苗箱育苗

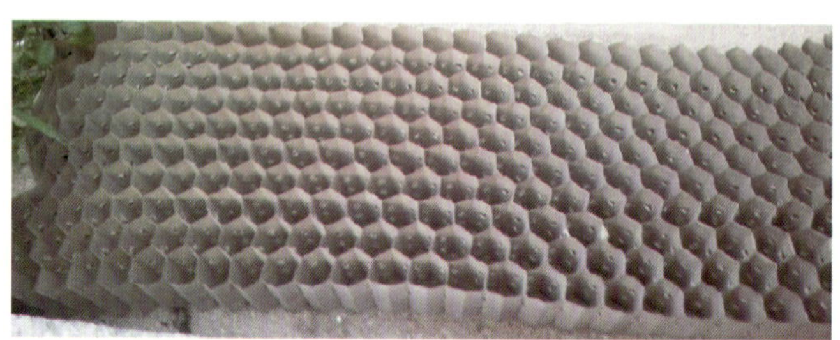

彩图1-18　育苗筒育苗

彩图1-19　泡沫小方块育苗

彩图1-20　穴盘育苗

彩图1-21　试管（组织培养）育苗

彩图1-22　育苗温室

彩图1-23　播种车间

彩图1-24　催芽室

彩图1-25　控制室

彩图1-26　滚筒式播种器

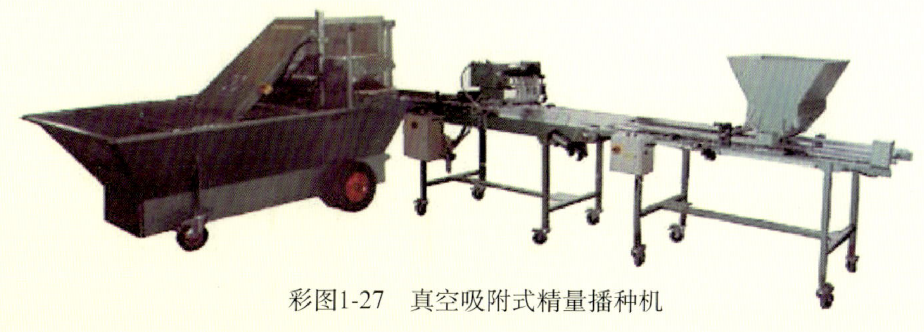

彩图1-27　真空吸附式精量播种机

彩图1-28　基质消毒设备

彩图1-29　灌溉和施肥设备

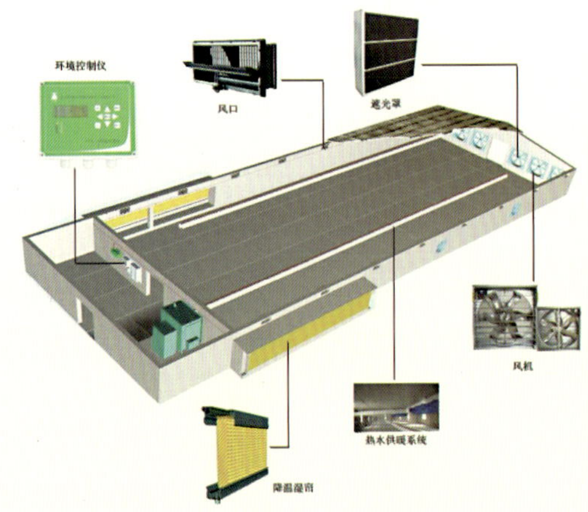

彩图1-30　温室环境控制系统

彩图1-31　移苗机

彩图3-1　芬洛（Venlo）型温室

彩图3-2　屋顶全开启型温室

彩图3-3　胖龙一薄膜连栋温室

彩图3-4　自然通风系统

彩图3-5　加热系统

彩图3-6　内遮阳系统

彩图3-8　补气系统

彩图3-7　外遮阳系统

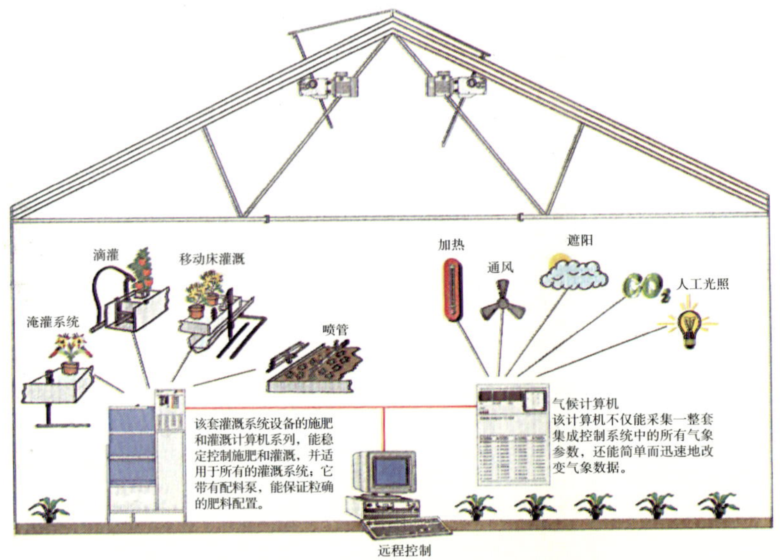

彩图3-9　计算机自动控制系统

彩图4-1　茄子嫁接苗穴盘育苗

彩图4-2　黄瓜嫁接穴盘育苗

彩图4-3　芦笋育苗

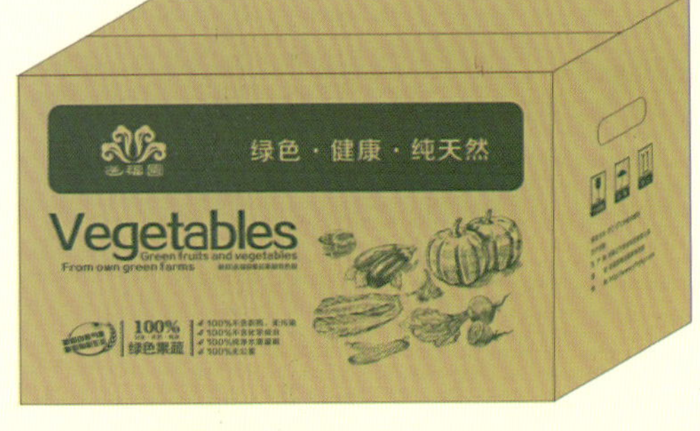

彩图5-1　包装容器